航空类专业职业教育系列教材

航空仪表指示与记录系统

李文攀　叶宝玉　吕晓静　编著

西北工业大学出版社

西　安

【内容简介】 本书共 7 章,系统地介绍了大气数据仪表、陀螺仪表、发动机指示与机组警告系统和电子中央飞机监控系统以及电子飞行仪表系统、警告系统、飞行数据记录系统等相关知识。对这些仪表指示与记录系统的组成、工作原理、功能、特点等内容做了较详细的阐述,并通过模拟机训练向读者展示如何识读这些仪表与记录系统所指示的数据。

本书可作为高等职业院校航空电子设备维修相关专业的教材,也可供一线工作人员及广大航空爱好者阅读参考。

图书在版编目(CIP)数据

航空仪表指示与记录系统 / 李文攀,叶宝玉,吕晓静编著 . —西安 : 西北工业大学出版社,2020.9
ISBN 978 - 7 - 5612 - 7154 - 4

Ⅰ.①航… Ⅱ.①李… ②叶… ③吕… Ⅲ.①航空仪表-基本知识 Ⅳ.①V241

中国版本图书馆 CIP 数据核字(2020)第 154446 号

HANGKONG CAILIAO YU CHENGXING GONGYI JICHU
航 空 仪 表 指 示 与 记 录 系 统

责任编辑:华一瑾		**策划编辑**:华一瑾	
责任校对:王 尧		**装帧设计**:董晓伟	

出版发行:西北工业大学出版社
通信地址:西安市友谊西路 127 号　　邮编:710072
电　　话:(029)88491757,88493844
网　　址:www.nwpup.com
印 刷 者:陕西向阳印务有限公司
开　　本:787 mm×1 092 mm　1/16
印　　张:12
字　　数:315 千字
版　　次:2020 年 9 月第 1 版　2020 年 9 月第 1 次印刷
定　　价:48.00 元

如有印装问题请与出版社联系调换

前　　言

现代民航飞机装备了越来越多的电气、电子、通信系统及仪表设备,这些设备对于保障飞行安全、提高飞行效益必不可少的,也是提高飞机技术、性能的重要因素。随着航空技术的发展,民航飞机的不断更新,电子仪表与系统也日趋现代化,现代民用飞机都装备了多种先进的飞机仪表系统。

本书是根据航空电子设备维修专业培养目标及培养高素质、高技能型专门人才的要求编写的。本书内容充实,语言通俗易懂,减少了对技术的理论探讨和对数学公式的推导,注重简化系统的物理工作过程,加强一线工作经验总结。为了帮助读者理解相关技术的理论知识,认识民航飞机仪表系统的维修思路及基本方法,本书特别设置了典型机型的模拟机训练环节,并通过模拟机训练向读者展示如何识读这些仪表与记录系统所指示的数据。

本书内容分为 7 章:

第 1 章在阐述航空仪表发展及意义基础上,介绍了航空仪表的发展历程,对航空仪表发展的每一阶段进行细分和说明,并介绍了航空仪表的布局与数据显示格式、航空仪表的分类以及模拟/数字电子仪表的优、缺点。

第 2 章讲述了气压式高度表、空速表、马赫数表、升降速表和全静压系统的工作原理、结构、测量方法、使用方法以及测量误差,并通过典型机型举例说明。

第 3 章介绍了陀螺仪表的种类及其基本特性,并对航空地平仪、转弯侧滑仪、磁罗盘、陀螺磁罗盘、激光陀螺和惯性基准系统分别进行说明介绍,并通过模拟机训练展示如何识读这些仪表与记录系统。

第 4 章详细介绍了 EICAS 系统的组成与识读,并对 ECAM 的组成与识读进行了分析说明,通过模拟机训练介绍了 A320 型飞机 ECAM 控制面板操作训练。

第 5 章详细阐述了 EFIS 的组成及功能,B737-800 型飞机 CDS 系统工作原理,并通过模拟机训练介绍了典型机型的 PFD,ND 的识读以及 EFIS 系统操作训练和故障排除训练。

第 6 章介绍了警告系统的组成及功能,并对高度警告、超速警告和失速警告分别进行分析和说明。

第 7 章介绍了飞行记录系统工作原理及其组成,并对典型机型 B737-800 型飞机飞行数据记录系统进行分析和说明。

本书由李文攀、叶宝玉和吕晓静编著。编写分工如下:李文攀编写第 4,5,7 章,叶宝玉编写第 3,6 章,吕晓静编写第 1,2 章。

本书在编写和出版过程中得到了西北工业大学出版社的大力支持和帮助,写作本书曾参阅了相关文献资料,在此,一并表示衷心的感谢。

由于水平有限,书中不足之处在所难免,恳请广大读者批评指正。

编　者

2020 年 5 月

目　　录

第1章　航空仪表概述

在航空器上使用的仪表统称为航空仪表。航空仪表种类较多,可以为飞行员提供有关飞行器的飞行参数、发动机参数及其他飞机系统状态参数,并用于计算和自动调整飞行器及航空发动机状态。航空仪表与各种控制器一起构成人机接口,使飞行人员能及时准确地了解飞行状态等各种信息,按照飞行计划操纵航空器。航空仪表所显示的信息是飞行人员操纵飞行器的依据,也反映出飞行器被操纵后的结果。

随着航空科学技术的快速发展,现代飞机功能更加强大,其组成结构和所完成的任务也日趋复杂。航空仪表的作用相当于现代飞机的"大脑""眼睛"和"耳朵",使飞机能够获取外界信息并经分析处理后自动操纵飞机或者提供给飞行员以操纵飞机。最早的飞机不借助航空仪表辅助飞行,飞行员必须要全神贯注地操纵飞机。随着飞机设计的进步,飞机性能包括稳定性、操纵性等都有了非常大的改进,而飞行员需要掌握更多关于飞行条件的信息,以便实现安全飞行,丰富多样的航空仪表应运而生,图1-1～图1-3分别为民用和军用飞机驾驶舱中的各种仪表。现在的航空仪表除了为飞行员提供驾驶飞机用的目视显示数据外,还要为各种导航系统、自动飞行控制系统和飞行数据记录器等设备提供输入数据。可以毫不夸张地说,没有先进的现代航空仪表和其他电子设备,单纯依靠飞行员安全操纵越来越复杂的飞机并完成各种任务几乎是不可能的事情。

图1-1　B747飞机驾驶舱中的各种仪表

图1-2 A380飞机驾驶舱中的各种仪表

图1-3 运1-7飞机驾驶舱中的各种仪表

1.1 航空仪表的发展历程

航空仪表的发展与航空器的发展是密切相关和相辅相成的。航空器的发展促使了航空仪表的出现,反过来航空仪表的发展又成为航空器发展的巨大推动力。航空飞行初期,由于受到科学技术和人类对航空领域认知的限制,早期的飞机结构都较为简单,飞行速度和飞行高度都很有限,飞机上没有配备专门设计的航空仪表。美国的莱特兄弟和威尔伯·莱特(Wilbur Wright)首次飞行时,飞机上只有一块秒表、一个风速计和一个转速表。后来逐渐出现了指示高度用的真空膜盒式气压计、指示航向用的磁罗盘以及指示飞机姿态用的气泡式水平仪等一些地面用的简单仪表。当时飞行主要靠飞行员肉眼观察,在能见度许可的情况下飞行。第一次世界大战期间,飞机仪表有了较大的发展。1916 年,英国皇家空军的 S.E.5 型飞机的仪表板上已装有 3 种较为可靠的飞行仪表及 4 种发动机仪表。1927 年,美国飞行员林白(Charles Augustus Lindbergh)驾驶飞机飞越大西洋时,除上述主要仪表外,飞机上还装备了罗盘倾斜和俯仰角指示器、转弯倾斜仪时钟。1929 年 9 月,美国飞行员杜立特(James Harold Doolittle)凭借仪表和无线电导航设备安全完成首次盲目飞行,即仪表飞行,开创了仪表发展的新阶段。在两次世界大战期间的短短 30 年内,航空科学技术得到了空前的发展和进步。至第二次世界大战末期喷气发动机的诞生使得人类航空飞行发生了质的飞跃,航空仪表技术也随之高速发展。

从航空仪表发展的各个历史时期的结构与形式来看,航空仪表的发展历程可以分为机械仪表、电气仪表、机电式伺服仪表、综合自动化仪表和电子显示仪表等 5 个阶段(见图 1-4)。

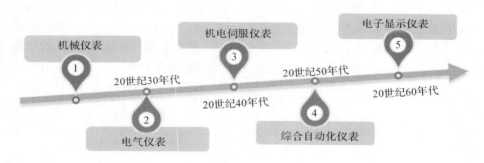

图 1-4　航空仪表的发展历程

1.1.1　机械仪表阶段

航空发展初期,飞机上的仪表很少,飞行员基本上依靠自身感觉和判断进行飞行。后来,飞机上逐步安装了膜盒式的大气压力表和空速表,又从航海领域引入磁罗盘、陀螺罗经及水平仪,并逐渐发展成为后来飞机上的高度表、空速表、磁罗盘、方位仪和地平仪等。

该时期的航空仪表属于航空史上的第一阶段,即机械仪表阶段,机械仪表通常称为直读式仪表,其基本原理框图如 1-5 所示。直读式仪表通常是由敏感元件(或测量元件)、中间环节(放大传动机构)和指示装置组装在一起的单一参数测量仪表,典型代表为气压式仪表。有的直读式仪表直接由敏感元件带动指示装置,没有中间环节,如磁罗盘和航向陀螺仪等;有的仪表,中间环节安装有误差补偿或修正装置,如气压高度表内的温度补偿片等。

图 1-5　直读式仪表基本原理框图

机械仪表的最大优点是结构简单,工作可靠,成本低廉,至今仍被不少机型使用。但是由于机械仪表推动指针移动的能量来源于敏感元件的信号源,能量较小,因此机械仪表的最大缺点是灵敏度较低,指示精度也不高。随着航空器的发展,需要测量的参数越来越多,精度要求也越来越高,机械仪表已不能满足航空发展的需要。但是此类仪表仍大量应用于一些低空飞行的轻小型飞机上,并且几乎所有大型飞机都还用其作为备用仪表。

1.1.2　电气仪表阶段

自 20 世纪 30 年代以来,随着电子、电气、通信和计算技术等近代科学技术的发展,解决了电气的远距离传输、非电量和电量之间的转换问题,促使航空仪表逐步走向电气化,开始出现了些典型的远读式仪表,标志着航空仪表进入到了电气仪表阶段。所谓"远读",是指仪表传感器和指示器没有组装在一个表壳内,它们之间的工作关系是通过电信号进行传输,相距较远。大部分发动机仪表均属于此类,如发动机排气温度表用热电偶式感温头作为传感器,用毫伏级电压表作为指示器。还有一些仪表利用远距离同步传输系统来实现远读的功能,如远读式磁罗盘、远读式地平仪等。

远读式仪表的基本原理框图如图 1-6 所示,主要由传感器和指示器两部分组成。传感器包括敏感元件和变换装置,远离仪表板;指示器在仪表板上,包括接收装置和指示装置两部分,二者通过信号传输线路构成工作系统。变换装置和接收装置构成仪表的中间环节,使得仪表信号可以进行远距离传输,其余作用与机械仪表阶段的中间环节相同。

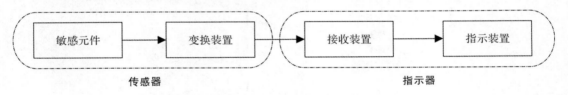

图 1-6　远读式仪表基本原理框图

电气传输代替机械传动,可以提高仪表的反应速度、准确程度和传输距离。将仪表的指示装置与其他部分分开,使仪表板的体积大为缩小,改变了因仪表数量增多而出现的仪表板拥挤状况。另外,一些仪表的敏感元件(传感器部分)因远离驾驶舱,减少了干扰(如磁传感器和陀螺传感器),提高了敏感元件的测量精度。但远读式仪表结构复杂、部件较多(主要是中间环节)、质量大、工作可靠性降低。

1.1.3　机电式伺服仪表阶段

为了进一步提高仪表的灵敏度和显示精度,20 世纪 40 年代出现了能够自动调节的小功率伺服系统仪表,即机电式伺服仪表。

伺服系统又称为随动系统(亦称反馈系统),它是一种利用反馈原理来保证输出量与输入量相一致的信号传递装置,其基本原理结构框图如图 1-7 所示。利用伺服系统方式传送仪表信号,信号能量得到放大,指示精度和负载承受能力提高,在一定程度上有利于仪表综合化和自动化。

利用伺服系统原理构成的仪表,也称闭环仪表。采用伺服机构能减少摩擦力矩对敏感元件的影响,进行力矩放大,放大仪表信号能量,提高仪表测试和指示精度。另外,可输出多路信号供各系统使用,有利于仪表的综合化和自动化。除此以外,伺服仪表还具有远读的特点。目前大多数航空仪表均采用伺服系统来传递各种信号。

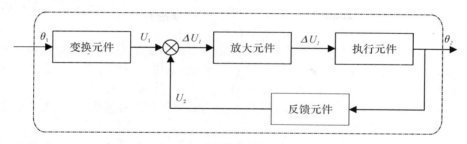

图 1-7　小功率伺服系统基本原理框图

1.1.4　综合自动化仪表阶段

随着飞机性能的迅速提高,各种飞机系统设备日益增多,所需指示和监控仪表的数量大大增加,有的飞机上安装的设备多达上百种,不仅仪表板无法容纳,也使驾驶员的负担过重。另外,飞行速度和机动性能的提升,使得驾驶员观察仪表的时间相对缩短,容易出错。于是,对仪表的准确性、可靠性和自动化程度提出了更高的要求。把功能相同或相关的仪表指示器有机结合在一起,形成统一指示的综合仪表应运而生,这标志着航空仪表进入了综合自动化仪表阶段,也是航空仪表发展的必然趋势。

综合自动化仪表的进步主要表现在三方面:①将功用相同或原理相近的仪表综合起来,可以达到相互校正和提高仪表性能的目的;②将多种分散的信号自动综合起来,经过处理直接产生操纵信号或指令,大大减少了设备的重复性,减小了设备体积和质量,并且采用多种误差补偿提高参数测量精度;③将自动驾驶仪和多种测量装置交联起来,扩大了飞机操纵自动化的范围。该阶段的代表性仪表有罗盘系统、飞行指令仪表、大气数据计算机系统、惯性导航系统和自动飞行系统等。综合显示仪表示例如图 1-8 所示,极大地方便了驾驶员的操作。

图 1-8　综合显示仪表示例

1.1.5　电子显示仪表阶段

得益于电子技术的飞速发展,20 世纪 60 年代开始出现的电子显示仪表逐步取代了指针式机电仪表,并进一步向综合化、数字化和多功能方向发展,初步实现了人机交互。

电子显示仪表采用彩色阴极射线管(CRT)或液晶显示器(LCD),并且广泛使用微处理器进行信息处理,从而使航空仪表发生了革命性的变化,也标志着一个航空电子设备高速发展的新时期已经到来。

电子显示仪表采用多种颜色的图形、符号和文字向飞行员提供信息,直观性强、信息量大;显示采用时分制,可在不同飞行阶段显示不同信息,也可人工选择需显示的内容。这种显示方式可使仪表数量减少 50％以上，大大改善了人机工效；显示具有集中的状态显示、故障告警及维修指示，提高了自动化程度，减轻了飞行员的工作负荷，促使驾驶舱机组由三人制减为两人制；电子显示器可以互为余度，提高了设备可靠性。

除电子显示器以外，随着微处理器和现代科学技术的迅速发展，其他航空仪表也有了长足的进步。惯性卫星组合导航实现了全天候、高精度导航；四维飞行管理系统能够使飞机以最经济的成本在预定的时间、高度区间自动化地完成飞行任务；余度技术、自检测技术的广泛应用大大提高了航空仪表的可靠性。总之，现代飞行员已经逐步从精神紧张、任务繁重的飞机操纵者转变为驾驶舱资源的管理者。

综上所述，航空仪表的发展历程是从机械指示发展到电子综合指示，仪表的数量经历了从少到多再到少的发展过程。航空仪表或航空电子设备未来的发展，一方面是研制新型的传感器、微处理器和显示器；另一方面则是电子系统的综合化。当前，正在研究或开始使用的新技术包括固态传感器、光传感器、智能传感器、光纤陀螺、彩色液晶显示、触摸式屏幕、惯性卫星组合导航、空地数据链传输以及无纸驾驶舱（采用电子数据库）等，这些技术未来必将为航空仪表系统带来深入的变革和更大的进步。

1.2 航空仪表的布局与数据显示格式

航空仪表的指示部分主要安装在驾驶舱仪表板上，其他一些需要安装仪表的地方也有少量仪表，如燃油加油口处可能有油量表，客舱可能有客舱高度表等。传感器即感受部分安装在便于准确测量被测参数的地方，如空速管装在驾驶舱附近，磁传感器安装在翼尖等。其他装置，如处理器、放大器等电子设备，大多安装在电子设备舱。

航空仪表在仪表板上的分布，主要是便于飞行人员迅速而全面地观察仪表，一般遵循以下原则。

（1）重要原则。最重要的仪表要放在最方便观测的位置。

（2）频度原则。观测频度最高的仪表放在最方便观测的位置。

（3）相关原则。测量同一参数或性质相近参数的仪表排列在一起，以便互相比较；所测参数性质不同，但有密切联系，需要联合观察的仪表，排列相对集中。

此外，还要考虑易维护性并尽量不影响仪表的性能。例如，直读式磁罗盘不应靠近电动仪表，以免产生较大的误差。

分布在驾驶舱的仪表指示器，其数量多少与驾驶人员多少有关。对有正、副驾驶员的飞机，飞行仪表基本上是双套的，其余仪表为单套。在这样的驾驶舱，飞行仪表集中在左、右仪表板（正、副驾驶员的正前方仪表板）上，两名驾驶员都需要观察的单套仪表分布在中央仪表板（主要是发动机仪表）和中央操纵台或驾驶舱的顶板上，少量仪表因正、副驾驶员在工作上的分工或个人需要（如氧气设备）分布在左、右操纵台和侧面板上。所有仪表设备的控制电门和保险电门都分布在便于驾驶员操纵的仪表板、操纵台、驾驶盘、顶板和侧板上。如果驾驶舱配有随机工程师面板和领航员面板，则在随机工程师面板上有发动机仪表和机身一些操纵系统的动力设备仪表，在领航员面板上安装有领航用的有关飞行仪表。

地平仪、航向罗盘、高度表和空速表是飞行中驾驶员所使用的仪表中最重要的 4 块仪表。这 4 块仪表在驾驶员座位的正前方，便于驾驶员很容易看到它们显示的数据。其中，地平仪可以显示飞机的姿态，而飞机姿态的变化将会引起航向、高度和速度等变化，是各种飞行参数变化的源头，通常位于驾驶员座位的正前方；地平仪的两侧分别装有空速表和高度表，这 3 种仪表基本处于一条水平线上,综合观察它们的指示可以了解飞机的纵向运动情况。下方是航向罗盘,指示飞行的方向,地平仪和航道罗盘构成一条垂直线,综合观察它们的指示可以了解飞机的横向运动状况。上述 4 种仪表构成了典型的 T 形排列形式,其他仪表则分布在它们周围,如图 1-9 所示,这种 T 形布局被绝大多数飞机所采用。

图 1-9　驾驶舱重要仪表布局图

在发动机仪表中,较重要的推力表和转速表排在上面,其他表排在下面。在多发动机飞机上,反映同一发动机不同参数的仪表装在一条垂直线上,并和发动机排列位置相对应;不同发动机同一参数的仪表装在一条水平线上,便于比较。

在采用电子显示仪表的飞机上,通常在仪表板上安装六个彩色电子显示器和少数备用机电仪表。在左、右仪表板上各有一个电子姿态指引仪 EADI,或主飞行显示器 PFD 和一个电子水平状态指示器 EHSI,或导航显示器 ND。在中央仪表板上有两个发动机指示和机组警告系统显示器 EICAS,或多功能显示器 MFDS。备用仪表一般包括地平仪高度表、空速表和无线电磁指示器等,安装在仪表板上方便观看的其他位置上。

无论分立式仪表,还是电子显示仪表,显示数据的格式都遵循基本 T 形布局,如图 1-10 所示。

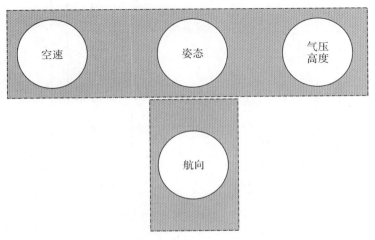

图 1-10　航空仪表常用 T 形布局

图 1-11 为分立式仪表的 T 形布局。主驾驶员的飞行仪表板左侧的马赫/空速表、中间的姿态指引仪(ADI)、右侧的气压/高度表及下边的水平状态指示器(HSI)或航向罗盘共同构成了 T 形格式,小型飞机的驾驶舱中的飞行参数同样以该固定格式显示,为驾驶员提供方便。

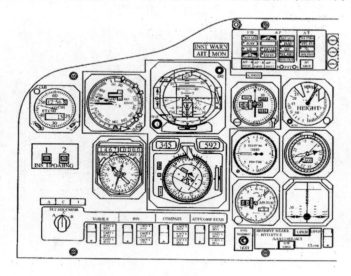

图 1-11　分立式仪表的 T 形布局

图 1-12 为电子显示仪表的 T 形布局,该显示器称为主飞行显示器(PFD)。由显示器粗线框的形状可以看出,左边的空速带、中间的姿态指示球、右边的气压式高速带和下边的航向带也构成 T 形格式布局。

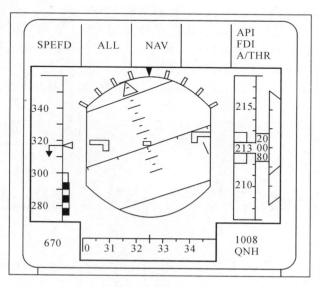

图 1-12　电子显示仪表的 T 形布局

1.3　航空仪表的分类

航空仪表按功用可分为飞行仪表、发动机仪表和其他飞机系统仪表。

1.3.1　飞行仪表

飞行仪表是指示飞行器在飞行中的运动状态参数(包括线运动和角运动)的仪表,又称驾驶领航仪表,驾驶员凭借这类仪表能够正确地驾驶飞机,如图 1-13 所示。通常安装在仪表板的中部,始终处于飞行员的视野中心,主要包括以下三大类。

(1)驾驶仪表。它包括转弯仪、侧滑仪、地平仪、升降速度表/垂直速度指示器加速度表、马赫数表。

(2)领航仪表。它包括空速表、高度表、陀螺半罗盘、陀螺磁罗盘、远读式陀螺磁罗盘。

(3)驾驶领航仪表。它包括磁罗盘、陀螺半罗盘、陀螺磁罗盘、航空时钟、航行指示器、空中位置指示器、自动领航仪、大气温度表。

在飞机上作为领航用的还有无线电仪表,如无线电半罗盘、无线电罗盘等。因此,上述领航仪表有时被称为空中领航仪表,以区别于无线电领航仪表。在多座飞机上,某些领航仪表不仅对于领航员是必需的,对于飞行员也是必需的。因此,该类仪表不但安装于领航员仪表板上,而且同时也安装于飞行仪表板上,前者比较精确、复杂,后者相对简单。

图 1-13　各种飞行仪表

1.3.2　发动机仪表

发动机仪表是用于检查和指示发动机工作状态的仪表,通常装在仪表板的中部。按被测参数区分,主要有转速表(如螺旋桨转速表、低压涡轮和高压涡轮转速表)、压力表(如进气压力表、燃油压力表、滑油压力表)、温度表(如汽缸头温度表、排气温度表)和流量表(如燃油油量表)等,如图 1-14 所示。现代发动机仪表还包括振动监控系统,用于指示发动机的结构不平衡性和预告潜在的故障。燃油是直接供发动机使用的,故指示燃油油量的油量表和消耗量表也归属于发动机仪表。

图 1-14　各种发动机仪表

1.3.3　其他飞机系统仪表

在飞机的其他设备系统中使用的测量仪表统称为其他飞机系统仪表,用于检查或反映飞机附件和各个系统的工作状态,有时也称辅助仪表,如图 1-15 所示。它主要包括测量飞机操纵系统中的滑油压力、高压油压力和冷气压力的压力表,反映起落架、襟翼、节气门或散热器风门等部件位置的位置指示器,以及燃料压力信号灯、座舱内部空气温度表、空气流量表、密封座舱中的座舱高度压力表、电压表、电流表及其他一些和飞机发动机的空中操纵没有直接关系,但是能够用来判断飞机各种设备工作状态的仪表。这些仪表的指示在飞行的各个阶段都是必需的。

图 1-15　其他飞机系统仪表

上述各类仪表既可以将被测量参数转化为表盘上的读数,也可以将参数用于自动调节装置。

从其工作原理看,航空仪表又可分为测量仪表、计算仪表和调节仪表三类。测量仪表用于测量飞机在飞行中的运动参数,包括大气数据系统仪表、姿态系统仪表、航向系统仪表和指引系统仪表等;计算仪表包括飞机上领航和系统性能方面的计算仪表,如自动领航仪、航行计算器、飞机指引仪、惯性导航仪、性能管理系统中的性能管理计算机和飞行管理系统中的飞行管理计算机等;调节仪表是指飞机上属于仪表专业人员维护范围的一些自动化控制系统设备,如自动驾驶仪、马赫配平系统、调整片自动配平系统、倾斜阻尼器、偏航阻尼器和自动油门系统等。

1.4　模拟/数字电子仪表的优、缺点

飞机装备的传统空速表为模拟式测量仪表,指针在刻度盘上连续地指示出空速值。飞行员如果要得到空速值,就必须先观测指针在刻度盘上的位置,然后再经过计算得出,该过程需要消耗一些时间,如图 1-16(a)所示。然而,如果飞行员需要关注空速的变化趋势时,则可以很快地通过指针的偏转方向判断得出。可见,飞行员使用模拟式测量仪表具有获得准确数值慢、获得数值变化趋势快的特点。

而数字式测量仪表恰恰相反,可以快速地获取当前空速值,当前比较先进的飞机的空速指示都可以准确在主飞行显示器(PFD)或电子姿态指引仪(EADI)上,它们均为典型的数字式仪表,如图 1-16(b)所示,由表可以很轻松地看到,此时空速值是 30 knots[①]。

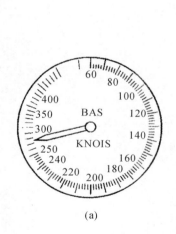

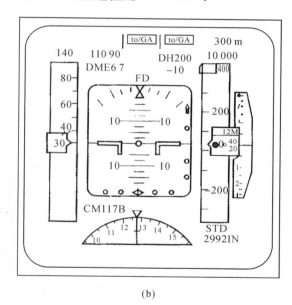

(a)　　　　　　　　　　　　　　　(b)

图 1-16　典型模拟和数字仪表指示
(a)模拟指针表盘;(b)PFD 显示器

但是,由于数字式测量仪表动态显示空速数值变化趋势有较不明显的弱点,如果数据仅以纯数字的形式显示,飞行员对于数据变化趋势的判断同样需要一段时间。因此,现代航空仪表均采用数字技术,但数据则以数字和模拟两种方式展现。这样,飞行员既可以较快地得到准确的数据,又可以较快地获得该数据的变化趋势,这是现代数字式仪表的优势。

①　1 knots=1.852 km·h^{-1}

习　题

1. 航空仪表按照发展历程看,经历了哪几个阶段?
2. 航空仪表显示数据的基本格式是什么?
3. 飞行仪表包括哪些仪表类型?
4. 现代航空仪表数据采用数字还是模拟方式展示?
5. 模拟/数字电子仪表的优、缺点分别有哪些?

第2章 大气数据仪表

在飞机飞行过程中,有很多飞行参数往往难以直接测量。对此,一般通过测量飞机与大气之间的作用力及飞机所在位置的大气参数(如大气静压和温度等),再根据大气参数与飞机飞行参数的特定关系进行换算,最终在相应的仪表上指示出所需要的飞行参数,这些仪表被称为大气数据仪表。大气数据仪表主要包括高度表、指示空速表、真空速表、马赫数表、升降速度表和大气温度表等。

2.1 气压式高度表

2.1.1 飞行高度及测量方法

飞机的飞行高度是指飞机在空中距离某一个基准面的垂直距离。高度基准面的选取不同,对应飞机的飞行高度也不同。在飞机飞行过程中,选择合适的飞行高度有助于充分发挥飞机性能,降低燃油消耗。因此,正确测量和选择飞行高度非常重要。根据所选测量基准面的不同,常用的几种类型飞行高度与其对应的定义方法如图 2-1 所示。

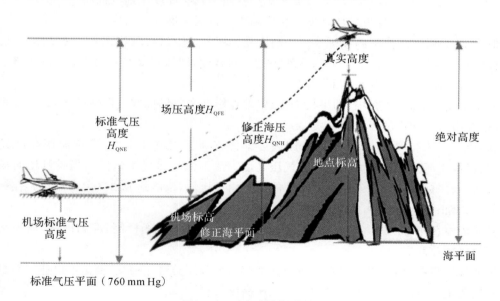

图 2-1 飞行高度的类型

(1)相对高度 H_R(Relative Height)。相对高度简称相对高,是指在飞行过程中飞机中心距离某一个特定水平面的垂直距离。一个常用的相对高度是指飞机重心距离机场跑道的垂直距离,飞机在起飞、降落时,必须知道该相对高度。

（2）绝对高度 H_A（Absolute Height）。绝对高度是指飞机重心从空中到海平面的垂直距离。在航图上，固定物体的标高，如机场、高塔和电视天线等，都是用绝对高度来表示的。我国的平均海平面在青岛附近的黄海上，它是我国地理标高的原点。在气压较低的机场，当无法利用气压表测量相对高度起飞降落时，可利用绝对高度。

（3）真实高度 H_T（True Height）。真实高度又称离地高度（AGL），是指飞机重心从空中到正下方地面目标（如地面、水面或山顶等）上顶的实际高度。该高度随飞机本身的高度和地表面的高度不同而变化。飞机在飞越高山、航测、空中摄影、空投，尤其是盲降着陆时，必须准确测量真实高度。

（4）场压高度 H_{QFE}。场压高度简称场压高，是指以起飞或着陆机场的场面气压（QFE）为基准面的气压高度。在标准大气条件下，场压高与相对高度相同。当飞机停在机场跑道上时，气压式高度表指示的场压高应为零，更准确地讲，为飞机座舱的高度。

（5）标准气压高度 H_{QNE}。标准气压高度是指飞机从空中到标准气压平面的垂直距离，简称标高。标准气压平面是国际统一规定的气压基准面，其对应的大气压为 760 mmHg[①]。在航线飞行时都采用标准气压高度，可以统一高度基准，避免两机相撞的危险。当飞机平飞时，标准气压高度不变，但真实高度随飞机正下方表面高度的改变而改变。在气压较低的机场，无法利用气压表测量相对高度起飞降落时，也可利用标准气压高度。

相对高度、真实高度、绝对高度都是飞机相对于地表面上某一水平面作为几何基准面的真实高度，具有稳定的几何形态，有时也称为几何高度。根据不同基准面之间的关系，总结各飞行高度间的关系如下：

$$绝对高度＝相对高度＋机场标高＝真实高度＋地点标高$$

$$标准气压高度＝相对高度＋机场标准气压高度$$

值得指出的是，地点标高和标准气压高度是不同的，地点标高（ELEV）是指地球上指定地点到标准气压平面的垂直距离，是到地理"原点"的高度，即海拔高度；标准气压高度则是该地到标准气压平面的高度，其基准面不同。

根据上述关系，在飞行中，如果机场标高、地点标高和机场标准气压高度已知，由仪表的指示，可推算出所要知道的另一种高度。

（6）修正海压高度 H_{QNH}。修正海压高度即修正海平面气压高度，简称海压高度或海压高，它是以修正海平面气压为基准面的气压高度。修正海平面气压是根据当时机场的场面气压和标高，按照标准大气压条件推算出来的海平面气压值，该值一般由气象台提供。在标准大气条件下，修正海压高度等于绝对高度。

当飞机停在跑道上时，气压式高度表指示的海压高应为机场标高，准确地讲，应为飞机座舱高度与机场标高之和。

标准气压高度、场压高度和修正海压高度都与大气压力直接相关，都是可以通过测量大气压力间接测量的高度，有时也将它们称为气压高度。

几种气压高度的关系为

$$海压高度＝场压高度＋机场标高$$

---

① 1 mmHg＝0.133 kPa。

标准气压高度＝海压高度＋气压修正高度

气压修正高度是指按照标准大气高度公式计算出来的修正海平面气压值与标准大气压值之差对应的高度值。在海平面附近或较低高度上，气压与高度的换算值约为 11 m/mmHg 或 8.25 m/hPa，1 000 ft/inHg①。

标准气压高度、场压高度和海压高度可以用气压式高度表测量。

1993 年 11 月 13 日，中国北方航空公司 MD－82 型 B－2141 号飞机执行沈阳—北京—乌鲁木齐航班任务，在乌鲁木齐机场进近中坠毁。这次事故的直接原因就是左座调错了高度表，将高度表误调为修正海压，使高度表指示偏大。飞机撞地前，GPWS 给出了及时的报警，但由于机组听不懂警告，并且误认为高度高，没有及时采取拉升操作，仍然盲目下降高度，最终导致飞机坠毁。

2.1.2　气压式高度表的工作原理

1. 标准大气压条件下高度与大气压力的关系

在标准大气压下，通常将海平面作为零高度：此时，基准条件设定为：P_0 为 760 mmHg（或 1 013.2 mbar、29.92 inHg），气温 T_0 为 15℃（或 288 K）、空气密度 ρ_0 为 0.125 kg · s^2 · m^{-4}；距离对流层的顶界为 11 km；在对流层内，气温垂直递减率 τ 为 $-0.006\ 5$℃ · m^{-4}；在平流层内，当高度低于 25 km 时，气温略有升高；空气气体常数 R 为 29.97 m/℃。

在 11 000 m 以下，令 P_H 为高度 H 处的气压，则有

$$H = \frac{T_0}{\tau}\left[1 - \left(\frac{P_H}{P_0}\right)^{R\tau}\right] \tag{2.1}$$

把标准大气数据代入式(2.1)，可以得到高度信息为

$$H = 44\ 307.7\left[1 - \left(\frac{P_H}{760}\right)^{0.190\ 3}\right] \quad (m)$$

在 11 000 m～25 000 m 时，有

$$H = H_{11} + RT_{11}\ln\frac{P_{11}}{P_H} \tag{2.2}$$

式中，H_{11} 为高度 11 km；T_{11} 为高度 11 km 处的气温 216.5K；P_{11} 为高度 11 km 处的气压 169.63mmHg。

把标准大气数据带入式(2.2)，可得

$$H = 11\ 000 + 6\ 337\ln\frac{169.63}{P_H} \quad (m)$$

由上述推导可以看出，高度与气压存在着单对单的对应关系，高度越高，气压越小。在不同的高度区域，可以通过测得的气压值，根据气压与高度的对应关系，间接计算得到此时对应的标准气压高度。

2. 基本工作原理

气压式高度表的工作原理是：利用标准大气中气压（静压）与高度对应的关系，通过测量气

①　1 000 ft/inHg 为 1 000 英尺/英寸汞柱，其含义为高度每变化 1 000 ft，以 in 为汞柱单位的大气压值将变化 1，以英寸汞柱为单位的标准大气压值为 29.92 inHg(113.16 kPa)。

压的大小,就可以表示飞行高度的大小。

气压式高度表采用一个真空膜盒感知外界气压变化,如图 2-2 所示。当真空膜盒处于自然状态时,作用在真空膜盒上的气压为零。受到大气压力的作用后,真空膜盒会产生弹性形变。在不同高度时,真空膜盒受到该高度处大气压力的影响,最终将保持一个固定的形变值,并通过传动机构带动指针指出相应的高度。当飞机飞行高度变化时,膜盒所受气压随之变化,此时真空膜盒的形变程度将产生变化,最终形变到新的位置,使弹性力与总压力再度平衡时,并带动指针指示出改变后的新高度。

当高度升高时,大气压力减小,膜盒膨胀带动指针顺时针转动,直至膜盒弹性力与静压相等。指针停转,指示出较高高度,如图 2-3 所示。反之,当飞机高度降低时,膜盒被压缩,指针反转,指示出较低高度,如图 2-4 所示。

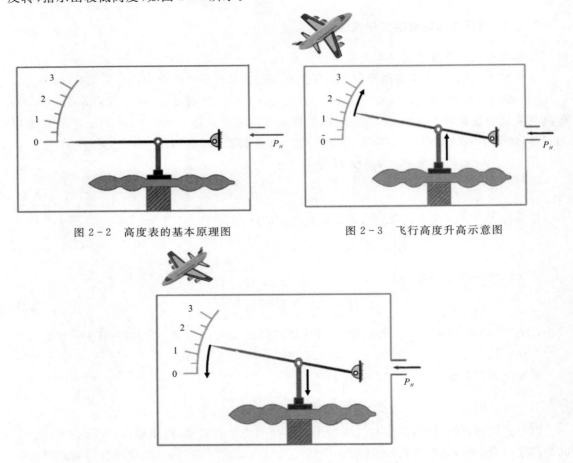

图 2-2　高度表的基本原理图　　　　　　　　图 2-3　飞行高度升高示意图

图 2-4　飞行高度降低示意图

因此,只要刻度盘按标准气压高度公式标注刻度,就可以通过测量静压指示出高度。由上面的分析可以看出,气压式高度表是按照标准大气条件下高度与静压的对应关系,利用真空膜盒测静压表示飞行高度的。

气压式高度表通过测量气压来表示高度,如果选定的基准面不同,所测出的高度也不同。若以标准气压平面为基准面,则仪表指示为标准气压高度;若以某机场的场面气压平面为基准面,则仪表指示为场面气压高度;若以修正的海平面气压为基准面,则仪表指示修正海压高度。气压式高度表实质上是一种特殊的测量大气绝对压力的压力表。

2.1.3　气压高度表的结构

典型的气压式高度表的内部结构如图 2-5 所示。根据各部分功能的不同,气压式高度表的组成结构包括四部分,分别为感受部分、调整部分、传递部分和指示部分。

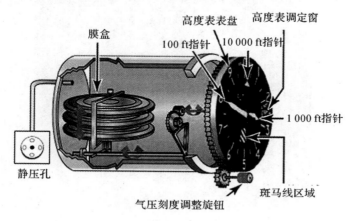

图 2-5　气压高度表的结构

(1)感受部分。高度表的感受部分主要由真空膜盒组成。一般将多个真空膜盒串联起来,以增大膜盒形变量,串联式的膜盒设计有助于提高仪表灵敏度。

(2)传递部分。高度表的传递部分由连杆、齿轮等组成,起作用是将真空膜盒的形变量进行传递,并带动指示部分的指针实现气压的实时显示。

(3)调整部分。高度表的调整部分由气压调整旋钮、齿轮组和数组显示器等组成,显示器有两种不同的气压显示窗口,分别为 mbar① 和 inHg②。在使用过程中,可以针对不同的测量种类选择对应的测量基准。同时,还能用来修正气压方法误差。转动调整旋钮,可使气压显示窗显示选择的气压基准值。此外,传动机构还带动真空膜盒和整个指示机构按标准气压与高度之间的关系转动相应数值,从而显示出所选基准面的高度。如果大气压力正好为基准值(如在机场),则高度显示零高度;飞机升空后,则显示相对高度(场压高度)。

(4)指示部分。高度表的指示部分由指针、刻度盘和数字显示器组成。如图 2-6 所示为常见的气压高度表面。它为三针高度表,由指针和刻度盘组成。长指针、短指针、细指针每走一个数字分别代表 100 ft,1 000 ft,10 000 ft,图中所示高度为 5 650 ft。10 000 ft 以下时,在仪表上可以看到一块斑马线区域(黑白相间的条纹窗),高于该高度时斑马线区域开始被覆盖,直到高于 15 000 ft 时,所有的斑马线区域都被覆盖了。

如图 2-7 所示为滚动显示高度表。这类仪表只有一个指针,每 1 000 ft 转一圈。每个数字代表 100 ft。每一小格代表 20 ft。滚动显示高度表以 1 000 ft 为单位,该设备通过相连的

---

① 1 mbar=0.1kPa。

② 1 inHg=3.386kPa。

机械装置来驱动指针。对这种类型的高度表进行读数时,首先要读取滚动窗上显示的数值,获得千英尺数,然后观察指针读数得到百英尺及以下的读数。

图 2-6　三针高度表表面

图 2-7　滚动显示高度表

　　由于结构关系,气压式高度表的气压刻度范围较窄(常为 670～790 mmHg 或 950～1050 mbar),在大气压力较低的高原机场使用时,无法调整到场面气压值(低于 670 mmHg)。因此,设计安装了代替气压刻度的高度指标。由于高度指标可以在全高度范围内用高度值选择测量基准面,因此测量相对高度就不受限制了。

　　气压式高度表的指示部分包括长指针、短指针、短指针和高度刻度盘等。高度刻度盘是均匀的,标有 0～9,每个数字又分 10 小格。长指针固定在小齿轮上,在刻度盘上走一个数字表示 100 m,每小格表示 10 m;短指针固定在轴套上,在刻度盘上走一个数字表示 1 000 m,每小格表示 100 m。图 2-8 中所示高度为 950 m。

高度指标读法与高度指针相同。气压刻度和内外高度指标指示数互相对应,符合标准气压高度关系。当转动调整旋钮时,气压刻度盘和高度指标同时转动,前者指示基准面的气压,后者提示基准面的标准气压高度。当气压刻度盘转到超出 670～790 mmHg 范围时,气压窗出现一个挡片,遮住气压刻度盘。这时,内外指标所示基准面的标准气压高度正好代替了气压刻度盘指示基准面气压的作用,仍然能够测量相对高度。

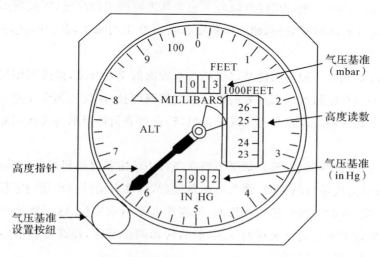

图 2-8　带高度指标的气压高度表

图 2-9 为电动高度表,同样用于指示飞机的气压高度。电动高度表为椭圆形,采用数字(显示窗)和模拟(指针)同时显示气压高度。显示窗显示的高度范围为:-1 000～50 000 ft。在高度表上设置有气压基准的调节旋钮及高度基准游标和调节旋钮。

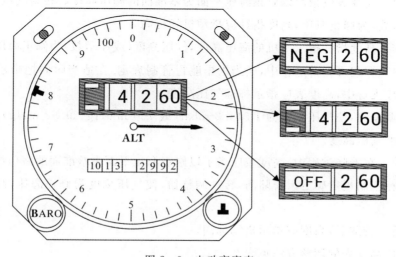

图 2-9　电动高度表

2.1.4 高度表的使用方法

1. 基本测量方法

气压式高度表可以测量飞机的相对高度、绝对高度和标准气压高度,其高度测量的方法有所不同。分别介绍如下。

(1)标准气压高度的测量。当利用气压高度表测量标准气压高度时,先转动调整旋钮使气压刻度盘(气压基准)指示"760 mmHg"或"29.92 inHg",指针指示的数值就是标准气压高度。

(2)绝对高度的测量。绝对高度是以海平面为基准面的飞行高度,因此当用气压高度表测量绝对高度时,需要转动调整旋钮,使气压刻度盘指示修正的海平面气压,此时指针指示的即为飞机的绝对高度。

(3)相对高度的测量。相对高度是以机场为基准面的飞行高度,因此当用气压高度表测量相对高度时,需要调整旋钮拨动高度表的指针和气压刻度盘,使气压刻度盘指示出起飞或降落机场的地面气压,此时测量起点是起飞或降落机场,高度表指针指示为飞机相对于起飞或降落机场的相对高度。

(4)高度表在机场的零位调整。如果飞机在飞行中选定某降落机场作为基准面,当采用高度表于机场的相对高度进行测量时,那么飞机落地后,高度表指针应该指向零位。由于机场地面的气压经常变化,有时飞机虽然停在地面,但高度表不指示零位,这时就需要调整零位。其方法是:先从气象台了解当时该机场的气压,然后转动调整旋钮,使高度指示零位。此时气压刻度盘向指示当时该机场的气压。

2. 飞行过程中的使用方法

为了维护空中的交通秩序和飞行安全,我国民航统一规定飞机起降过程中使用修正海压高度,航线飞行时使用标准气压高度。

(1)起飞前。高度表应指示以修正海压平面为基准面的海压高度。转动气压调整钮,使气压刻度(或显示数)为修正海压,高度指针应指示机场标高。

飞机起飞后,高度指针指示飞机的海压高度,气压刻度(或显示数)为修正海压。

(2)飞行中。在起飞上升过程中,应当根据航行管制规定.在适当时候把指示调为标准气压高度。在航线飞行中,高度表应指示标准气压高度。

转动气压调整钮,使气压刻度为 1 013.2 mbar(或 760 mmHg、29.92 inHg),高度指针即指示飞机的标准气压高度。

(3)着陆前。在着陆过程中,高度表应指示以修正海压平面为基准面的海压高度。具体调整时间根据航行管制规定确定。着陆前,转动调整钮,使气压刻度为修正海压,高度指针便指示海压高度。

(4)着陆后。着陆后,高度应指示机场标高。

飞行各阶段高度表的调整方法见表 2-1。

表 2 - 1　飞行各阶段高度表的调整方法

飞行阶段	气压刻度	高度指标	高度指针
起飞前(调 H_{QNH})	修正海压	修正海平面和标准气压平面高度差	机场标高
航线上(调 H_{QNE})	1 013.2 mbar (29.92 inHg)	0	H_{QNE}
着陆前(调 H_{QNH})	修正海压	修正海平面和标准气压平面高度差	H_{QNH}
着陆后	修正海压	修正海平面和标准气压平面高度差	机场标高

图 2 - 10 说明了飞机转场过程中高度表的使用方法和指示情况。

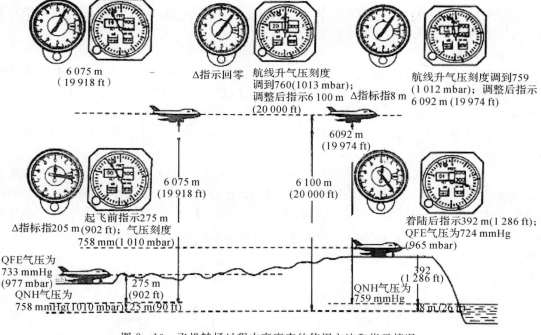

图 2 - 10　飞机转场过程中高度表的使用方法和指示情况

2.1.5　测量误差

高度表的测量误差分为机械误差和方法误差两大类。

1. 机械误差

高度表在构造、材料、工艺、制造上的缺陷及使用中的磨损、变形等引起的误差称为机械误差。例如,有时在起飞前校场压时,气压刻度指示机场场压,高度指针却不指零,原因就是存在机械误差。机械误差经定期测定后,绘制成修正曲线卡片,如图 2 - 11 所示,放在飞机上,以备需要时查用。

飞行员在起飞前应检查、确定高度表的工作情况。例如,将气压刻度盘调到当地的修正气压值。此时高度表应该指示机场的实际标高。如果高度表的指示偏离实际标高超过 75 ft,则仪表应该被重新校准。不同的外界温度及不同的气压也会造成高度表的显示不准确。

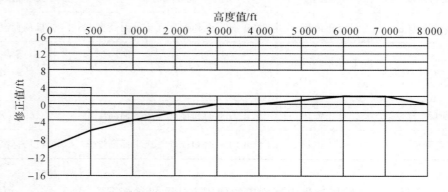

图 2-11　气压式高度表机械误差修正曲线图

修正方法为 $H_c = H_i + \Delta H$,其中, H_c 为仪表修正高度, H_i 为仪表指示高度(横坐标表示), ΔH 为机械误差修正值(纵坐标表示)。

2.方法误差

气压式高度表是按照标准气压高度公式设计制造的。当实际大气条件不符合标准大气条件时,指示将出现误差,这种误差叫作高度表的方法误差。它又分为气压方法误差和气温方法误差两种。

(1)气压方法误差。高度表测量基准面气压不符合标准大气条件而引起的误差,叫作气压方法误差。

图 2-11 说明了气压方法误差产生的原因。设想从大气中取出一段大气柱,研究基准面气压变化后,该大气柱各层气压面相对于基准面的高度变化。如果大气柱符合标准大气条件,则大气柱中各层气压面之间距离保持恒定,并符合标准数值,此时气压式高度表的指示是准确的。例如,飞机在 560 mmHg 的气压面上飞行,仪表指示的高度为 2 500 m,飞机相对于基准面的高度也就是 2 500 m,如图 2-12(a)所示。

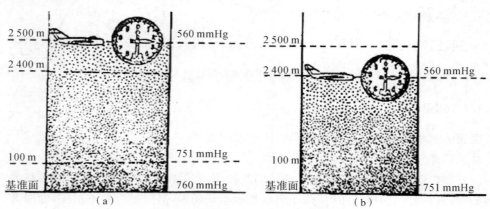

图 2-12　气温方法误差产生的原因
(a)标准气压区;　(b)低气压区

　　如果基准面的气压减小,相当于整个大气柱下降了一段距离。于是,各层气压面相对于基准面的高度降低,气压式高度表出现多指的误差。例如,基准面气压由 760 mmHg 减小到 751 mmHg,相当于大气柱下降 100 m。如果飞机仍在 560 mmHg 的气压面上飞行,显然仪表的指示高度仍为 2 500 m,而飞机相对于基准面的实际高度则是 2 400 m,因而出现多指 100 m 的误差,如图 2-12(b)所示。相反,当基准面气压增大时,相当于整个大气柱上升,各层气压面相对于基准面的高度增大,仪表出现少指误差。

　　仪表出现误差后,若不修正,飞机将不能安全着陆。如上述仪表系统多指的例子中,飞机已经落地,仪表指示仍还有 10 m 高度。可采用该方法进行修正:在飞机着陆前,转动气压调整钮,使气压刻度盘指示实际场压值(上例中为 751 mmHg)。这样,飞机落地时,仪表指零。

　　(2)气温方法误差。高度表测量基准面的气温以及气温垂直递减率不符合标准大气条件而引起的误差,叫作气温方法误差。

　　图 2-13 说明了气温方法误差产生的原因。假设大气柱符合标准大气条件,则飞机所在气压面的高度等于仪表指示的高度,仪表没有误差,如图 2-13(a)所示。

　　当大气柱实际平均温度高于标准平均温度时,大气柱膨胀,其顶面高度增高。要想保持高度表指示不变(即大气压力不变),飞机必须与顶面同时升高,如图 2-13(b)所示。此时,高度表指示小于实际飞行高度,产生少指误差。相反,当大气柱实际平均温度低于标准平均温度时,大气柱收缩,其顶面高度降低如图 2-13(c)所示。高度表指示的高度大于飞机的实际高度,产生多指误差。气温方法误差需要通过领航计算进行修正。

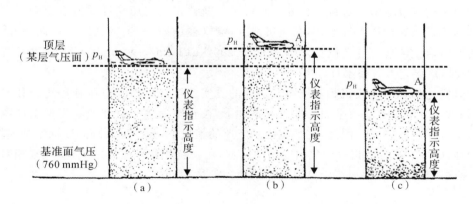

图 2-13　气温方法误差产生的原因
(a)标准平均温度;　(b)高于标准平均温度;　(c)低于标准平均温度

　　特殊情况下的处置:为了保证飞行安全,飞行员应该记住,从热飞往冷或从高(压区)飞往低(压区),应防止高度低。此外,飞行中还应综合分析高度表、升降速度表、无线电高度表和地平仪的指示。如果其他几种仪表都表明高度有变化,而高度表却没有相应的指示,就可以判断高度表出了故障。这时,可由升降速度表和地平仪获取高度的变化;由无线电高度表或座舱高度表(非密封座舱)获取飞机的相应高度。

2.2 空 速 表

2.2.1 空速的基本概念

空速是飞行器相对周围空气的运动速度。测量和显示空速的仪表称为空速表（air-speed indicator），是重要的飞行仪表之一。空速表安装在驾驶舱仪表板上，为飞行员测量和指示航空器的飞行速度。飞行员可以根据空速判断飞机的空气动力情况，从而正确地操纵飞机；根据空速还可以计算地速，从而确定已飞距离和待飞时间。常用的空速表有指示空速（即表速）表和真空速（即真速）表两种。

在飞机飞行时，空气相对于飞机运动，在正对气流运动方向的飞机表面上，气流完全受阻滞，速度降低到零。将气流受到全阻滞，速度降低到零处的压力，叫作全压或总压。全压包括两部分：一部分是由动能转化的压力，称为动压；另一部分是气体未受扰动时本身实际具有的压力，称为静压，也就是大气压力。动压和静压之和称为全压。根据不同的气动原理，航空领域使用的飞机空速可分为以下 5 种。

（1）指示空速（IAS）。按海平面标准大气条件下空速和动压的对应关系计算得到的空速。指示空速反映了动压的大小，即反映了飞行中飞机所受到的空气动力情况。飞行员根据指示空速，可以保持所需要的迎角飞行。

（2）校正空速（CAS）。对指示空速修正安装误差和仪表误差后得到的空速。在海平面标准大气条件下，校正空速等于真空速。

（3）当量空速（EAS）。对特定高度上的校正空速修正空气压缩性误差后得到的空速。高速飞行时，飞机快速通过大气运动，在飞机前方，空气被压缩，产生空气压缩性误差，从而使当量空速低于校正空速。当飞机指示空速低于 200 kn（1 kn ＝1 nmile · h^{-1}）和当高度低于 20 000 ft 时，该误差可忽略不计。

（4）真空速（TAS）。飞机相对于空气运动的真实速度。对当量空速补偿压力和温度误差后得到的就是真空速。在海平面标准大气条件下，校正空速等于真空速。高度增加或空气温度增高，空气密度将降低。因此，在给定指示空速的情况下，真空速会随高度的增加而增大。

（5）地速（GS）。飞机相对于地面的运动速度，在领航计算中还使用风速，空气相对于地面的运动速度叫作风速。地速等于真空速和风速的矢量和，即

$$W=V_t+v \tag{2.3}$$

式中，W 为飞机地速向量；V_t 为飞机真空速向量；v 为风速向量。

另外，飞机在飞行中空气将被压缩，其压缩程度与飞机的空速有关。飞机的真空速与飞机所在高度的声速之比叫作马赫数。马赫数可以表示飞机在飞行中空气被压缩的程度。

2.2.2 空速与大气参数的关系

在飞机飞行时，在正对气流运动方向的飞机表面上，气流完全受阻滞，速度降低到零。这时气流的动能全部转化成压力能和内能，使空气的温度升高，压力增大。在飞机上有专门收集全压和静压的装置，叫作全静压管或空速管。

（1）亚声速时。当飞机的空速小于 400 km · h^{-1} 时，可以认为空气没有被压缩，其密度不

变。在这种情况下，它们之间的关系可由动量定理求得，即

$$p_T = \frac{1}{2}\rho_H v^2 \tag{2.4}$$

式中，p_T 为动压；ρ_H 为飞机所在高度的空气密度；v 为飞机的空速。

空气密度由静压和气温决定，其关系式可由气体状态方程求得，即

$$\rho_H = \frac{p_H}{gRT_H} \tag{2.5}$$

式中，T_H 为飞机所在高度的温度；g 为重力加速度。将式(2.5)代入式(2.4)中，可得

$$T_H = \frac{p_H}{2gRT_H}V^2 \tag{2.6}$$

则 $V = K\sqrt{\dfrac{T_H p_T}{p_H}}$，式中 $K = \sqrt{2gR}$。

因此可以表明，空速可以由动压、飞机所在高度的静压和气温来反映。

当飞机的空速大于 400 km·h^{-1} 时，飞机前方的气流受到阻滞而被压缩，密度明显增大，动压增大。此时，空气的压缩性必须要考虑。在空速大于 400 km·h^{-1} 且小于声速时，动压与各因素的关系如下：

$$p_T = \frac{1}{2}\rho_H V^2(1+\delta) \tag{2.7}$$

式中，δ 为空气压缩修正量，$\delta = \dfrac{Ma^2}{4} + \dfrac{Ma^2}{40} + \cdots$；$Ma$ 为马赫数，与空速、气温有关。

可见，空气压缩性修正量与空速、气温有关。气温越高，气体分子动能越大，空气就越难以压缩。因此动压仍由空速、静压、气温决定。也就是说，空速仍可由动压、静压、气温来反映。

（2）超声速时。飞机在超声速飞行时，由于激波的影响，压缩性修正量的数值有所不同，其表达式为

$$p_T = \frac{1}{2}\rho_H V^2(1+\delta') \tag{2.8}$$

式中，δ' 为超声速时空气压缩性修正量，则有

$$\delta' = \frac{238.46Ma^2}{(7Ma^2-1)^{2.5}} - \frac{1.43}{Ma^2} - 1$$

因此，在超声速时，动压仍由空速、静压和气温决定。换句话说，空速仍可由动压、静压和气温来反映。

2.2.3　指示空速表

1.基本工作原理

在国际标准大气条件下，若认为在飞行过程中保持高度不变，则空速就只与动压有关，即

$$p_T = \frac{1}{2}\rho_0 v^2 \tag{2.9}$$

指示空速表是根据空速与动压的关系，利用开口膜盒测量动压表示空速。图 2-14 表示出指示空速表的基本原理和工作情况。

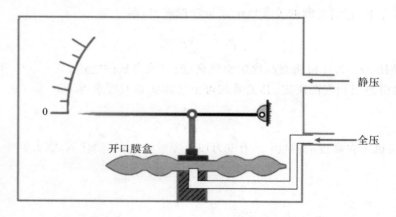

图 2-14 指示空速表的基本原理

在飞机上安装一个全静管（空速管）来感受飞机在飞行时气流产生的动压和大气的静压，分别用管路将其与指示空速表上的全、静压接头相连。空速表内有一个开口膜盒，其内部通全压，外部（表壳内）通静压，膜盒内外的压力差就是动压。在动压的作用下膜盒产生形变位移，经过传送机构带动指针指示，指针角位移即可表示开口膜盒反映动压的大小。在静压和气温一定的条件下，动压的大小完全取决于空速，因此指针的角位移可以表示空速的大小。指示空速表就是根据海平面标准大气条件下空速与动压的关系，通过测量动压来表示空速的。

2. 测量指示空速的作用

指示空速虽然不等于真空速，但是它反映了动压的大小，即反映了飞行时作用在飞机上的空气动力情况，这对操纵飞机有重要作用。

当飞机平飞时，升力等于重力。重力一定，升力也应一定，才能保持平飞。根据飞行原理，升力公式为

$$Y = C_y S p_T = C_y S \frac{1}{2} \rho_H V^2 \tag{2.10}$$

式中，Y 为升力；S 为机翼面积；C_y 为升力系数，它反映迎角的大小。在小于临界迎角的范围内，迎角越大，升力系数也越大。

由式（2.10）可见，当增大迎角时，升力系数变大，要想保持升力不变，必须减小动压；反之，当减小迎角时，要想保持升力不变，必须增大动压。因此，大的迎角对应于小的动压，即对应于小的指示空速；小的迎角对应大的动压，即对应于大的指示空速。这就是说，飞行员根据指示空速，可以保持所需要的迎角飞行。

另外，飞机在不同的高度上平飞时，欲保持一定的迎角，所需的指示空速值一般是不变的（即升力公式中的 p_T 不变）。因此，不管飞行高度如何变化，飞行员只要记住一个指示空速值就可以了。但是，在各高度上指示空速相同时，真空速却不一样。由此可见，飞行员根据指示空速操纵飞机，比用真空速操纵飞机更为方便。

在跨声速和超声速飞行时，升力系数不仅与迎角有关，还与马赫数有关，指示空速不再能反映空气动力，因此必须利用马赫数表。

2.2.4　真空速表

1. 测量真空速的原理

测量真空速的原理是根据真空速与动压、静压、气温的关系，要求真空速表的指示随动压的增大而增大，随静压的减小而增大，随气温的降低而减小来工作的。只要仪表的指示能按照上述关系变化，便可准确地指示出飞机的真空速。因此，测量真空速的仪表需要三个感受部分，分别感知动压、静压和气温，并将它们的输出通过传送机构共同控制仪表的指示。

测量真空速的原理有两种方法。

(1) 三参数测量真空速。通过感受动压、静压、气温测量真空速的仪表中有两个开口膜盒和一个真空膜盒。其中，第一开口膜盒的内部通全压，外部（表壳内部）通静压，其位移的大小由动压决定；第二开口膜盒与内部装有感温液的感温器相连接，其位移的大小由气温决定（该感温器装在飞机外部，感受大气温度）；真空膜盒感受静压，其位移的大小由静压决定，真空膜盒与第二开口膜盒串联在一起，可以共同控制传送机构的传动比。

如图 2-15 所示，若静压、气温不变而动压增大，说明真空速增大，这时第一开口膜盒膨胀，通过传送机构，使指针的转角增大。如果动压、静压不变而气温降低，说明真空速减小，这时第二开口膜盒收缩使支点向左移动，减小传动比，指针的转角减小。假使动压、气温不变而静压减小，也说明真空速增大，这时真空膜盒膨胀使支点向右移动，减小传送臂，加大传动比，在同样的动压作用下，指针的转角增大。

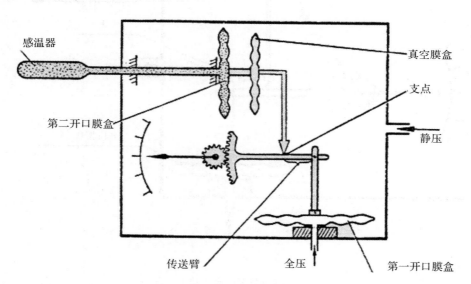

图 2-15　三参数测量真空速的原理

由此可知，真空速表指针转角随动压的增大而增大，随静压的减小而增大，随气温的降低而减小，可以表示真空速。

根据这种原理工作的真空速表，采用了三个感受部分，在结构上比较复杂。

(2) 两参数测量真空速。上述真空速表结构完善，准确度较高，但有三个敏感元件，比较复杂，并且空气静温不易测得，因此较少应用。那么能不能把静温转变成其他量来简化测量呢？

在标准大气条件下,当高度在 11 000 m 以上时,由于气温不随高度变化,故真空速只决定于动压和静压。当高度在 11 000 m 以下时,气温和静压具有一定的对应关系。由标准气压高度公式和气温公式 $T_H = T_0 - \tau H$,可得

$$T_H = T_0 \left(\frac{p_H}{p_0}\right)^{R\tau} \tag{2.11}$$

结合空速与动压、静压、气温的关系式,就可以得出飞行各阶段真空速与动压、静压的关系。在标准大气条件下,由于温度和静压互相对应,静压的大小可以反映气温的高低。所以,真空速与气温的关系可以用真空速与静压的关系表示。因此,真空速的大小也可以由动压和静压这两个参数来表示。因此可以通过感受动压、静压来测量真空速。

图 2-16 表示的就是通过感受动压、静压两个参数来测量真空速的原理。如图 2-16 所示,当动压增大时,开口膜盒膨胀,使指针的转角增大;当静压减小时,真空膜盒膨胀,支点向右移动,传动比增大,也使指针的转角增大。如果膜盒的特性曲线及传送机构的特性曲线选择适当,仪表的指示就可以按照标准大气条件下真空速与动压、静压的关系式,随动压、静压的变化而变化,从而指示出飞机的真空速。

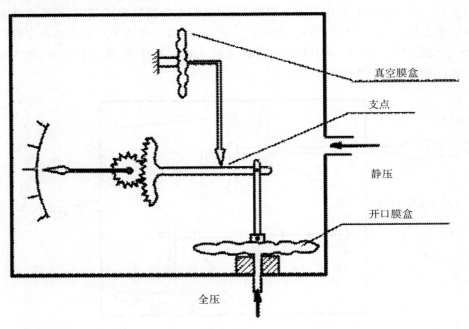

图 2-16 两参数测量真空速的原理

这种真空速表没有感受气温的部分,真空膜盒代替了感温部分的作用。真空膜盒位移对仪表指示的影响,不仅反映了静压对真空速的影响,也反映了气温对真空速的影响。这种真空速表结构比较简单。但是,正是由于没有感温部分,它具有气温方法误差,这是它的缺点。

2.真空速表的方法误差

类似气压式高度表的方法误差,通过感受动压、静压测量真空速的真空速表,同样是利用标准大气条件下真空速与动压、静压的关系而工作的。因此当外界气温不符合标准大气条件

时,将会产生误差,这种误差叫作气温方法误差。

真空速表产生气温方法误差的原因,是当飞机周围的气温不符合标准大气条件时,真空速与动压静压、气温的关系,不能用真空速与动压、静压的上述关系来表达。因为此时仪表中真空膜盒的位移不能准确地反映静压和气温对真空速的影响,所以仪表指示的空速将产生误差。若动压、静压保持不变,而气温由标准气温升高,这说明飞机的真空速增加,但仪表的指示仅由动压和静压决定,仪表的指示并不会增加,所以出现了少指误差;反之,当飞机周围的气温比标准条件下低时,仪表将出现多指的误差。

3. 指示空速与真空速的关系

如果飞机周围的大气参数不符合海平面标准大气条件,那么虽然空速不变,但因静压、气温改变,动压也要改变。因此仪表的指示就不等于真实的空速,所以用指示空速和真空速加以区别。

在海平面标准大气条件下,指示空速等于真空速。如果保持真空速不变而飞行高度升高,这样,方面空气密度变小,使动压变小;另一方面气温降低,空气压缩性修正量增大,使动压变大。但是空气密度比空气压缩性修正量变化更快,因此,实际上动压变小,指示空速小于真空速。高度越高,它们的差别越大。

2.2.5　空速表基本结构

空速表的机械装置如图 2-17 所示,它包括一个薄的波状形磷铜膜盒或者膜片,可以接收皮托管的压力。仪表的箱体是密封的,并且与静压孔相连接。随着皮托压力增加或者静压降低,膜片会鼓起。通过摇轴来测量膜盒形变量,然后使用一套齿轮装置来驱动仪表刻度盘上的指针。大多数空速表以节为单位,或者使用海里每小时为单位,有些使用单位为法定英里每小时,而某些仪表两者兼有。

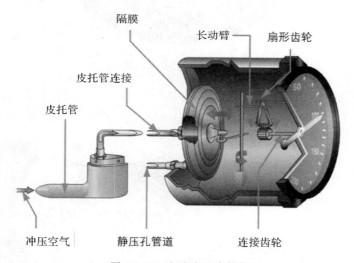

图 2-17　空速表基本结构

图 2-18 为一种空速表的指示界面,不同颜色的弧线代表了不同的含义。

(1)白色弧线。该弧线通常指的是襟翼运行范围,其下限表示完全襟翼失速速度,上限表示最大襟翼速度。进近和着陆通常飞行在白色弧线速度范围内。

（2）白色弧线的下限（V_{s0}）。着陆配置中的失速速度或者最小稳定飞行速度,在小飞机上,其为着陆配置(起落架和襟翼都放下)中最大着陆质量下的停车失速速度。

（3）白色弧线的上限（V_{FE}）。襟翼伸出时的最大速度。

（4）绿色弧线。表示飞机的正常运行速度范围。大多数飞行处于这个速度范围内。

（5）绿色弧线的下限（V_{s1}）。表示特定配置下获得的失速速度或者最小稳定飞行速度。

（6）绿色弧线上限（V_{NO}）。表示最大结构巡航速度(超过这个速度可能会引起飞机部分结构应力过载),除非在稳定空气中,不要超过这个速度。

（7）黄色弧线。表示警告范围,在这个速度范围内只能在稳定空气中飞行,只提供告警。

（8）红线（V_{NE}）。表示上限速度,禁止在该速度以上运行,因为它可能导致损坏或者结构失效。

图 2-18　空速表表面

如图 2-19 所示为某种指示空速和真空速的组合型空速表,工作范围为 $100 \sim 1\,200$ $\mathrm{km \cdot h^{-1}}$。空速表有粗、细两根指针,粗针表示指示空速,细针表示真空速。

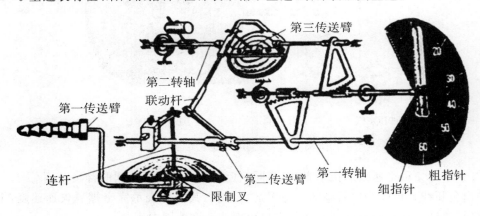

图 2-19　连杆式组合型空速表结构

开口膜盒感受动压产生位移,经第一传送臂、第一转轴、齿轮组使粗指针转动,表示指示空速。同时,还经第二传送臂、联动杆、第三传送臂、第二转轴等使细指针同步转动。用来感受静压的真空膜盒安装在第二转轴上。当静压减小时,真空膜盒膨胀,使第三传送臂缩短,这就使传送比增大,第二转轴转角增大带动细针指示出真空速,静压增大时道理相同。可见,该仪表通过感受动压、静压测量真空速。

2.2.6　空速表的误差

测量空速的空速表结构不同,其误差也不同,概括起来有以下误差。

(1) 机械误差(Q_0)。空速表的内部机件制造不可能绝对精确,使用中机件磨损变形、老化等原因引起空速表产生的误差叫机械误差。当空速表多指时,机械误差为负值;当空速表少指时,机械误差为正值。每个空速表的机械误差由机务维护人员定期测定并绘制成空速误差表,以供飞行中飞行员修正时查用。如图 2-20 所示,若修正量曲线中横坐标为仪表指示空速v_i,纵坐标为修正值 Δv 修正后的空速为v_c,则

$$v_c = v_i + \Delta v$$

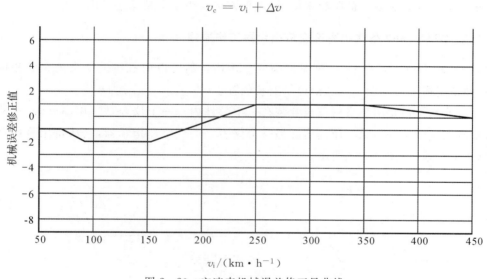

图 2-20　空速表机械误差修正量曲线

(2) 空气动力误差(Δv_q)。由于气流流经空速管时产生弯曲和紊乱,使空速管接收的全压和静压不准确而引起空速表产生的误差叫空气动力误差。空速表少指,空气动力误差为正值;反之,空气动力误差为负值。空气动力误差与机型、飞行重量和表速等有关,通常在表速的±2%以内,飞行员可从各机型使用手册中查出并在飞行中进行修正。随着飞机设计者的不断研究和改进、新型飞机的空气动力误差已经逐渐减少,部分飞机已经减小到只有$1.5 \sim 2 \ km \cdot h^{-1}$。

(3) 方法误差。方法误差包括空气压缩性修正量误差和空气密度误差两部分。我们知道,仪表空速是按照海平面标准大气条件下动压与空速的关系进行设计的。只有当飞行高度上的空气密度和空气压缩性修正系数同海平面的标准空气密度和空气压缩性修正系数完全一致时,指示空速(IAS)才等于真空速(TAS)。而在实际飞行中,各个飞行高度上的大气条件不

可能与海平面标准大气条件完全一致,因而指示空速常不等于真空速。

1)空气压缩性修正量误差。由于空气压缩性修正系数变化所引起的误差称为空气压缩性修正量误差。根据不同飞行高度上的空气压缩性修正系数可以计算出各飞行高度上不同速度(IAS)所对应的空气压缩性修正量误差。

一般来讲,低空低速飞行误差比较小,所以在 6 000 m 以下高度飞行时,空气压缩性修正量误差可不进行修正,而超过 6 000 m 则应予以修正。

2)空气密度误差。由飞行高度上的空气密度与海平面的标准空气密度不一致所引起的误差称为空气密度误差。以海平面标准气压和气温为基准,当高度升高时,气压和气温都随之降低。当气压降低时,空气密度减小,真空速将大于当量空速;当气温降低时,空气密度增大,真空速将小于当量空速。由于气压变化比温度变化对空气密度的影响要大得多,所以飞行中真空速通常大于当量空速,高度越高,二者相差越大。空气密度误差是仪表的主要误差,必须予以修正。常见的有两种方法:一种是采用修正补偿机构进行修正;另一种是采用领航计算尺计算修正。前一种方法现已被广泛采用,后一种方法仅用于小型低速飞机。

2.2.7　B737‐800 型飞机高度空速指示器工作原理

如图 2‐21 所示,B737‐800 型飞机高度空速指示器可以向机组提供飞机高度和指示空速,是一种备用指示器。图 2‐22 给出了安装位置。

高度空速指示器是两个飞行仪表合装在一个部件内。一个仪表是气压高度表,它从备用静压口获取大气静压并指示气压高度。另一个仪表是气压空速指示器,它从备用静压孔获取静压,以指示空速,如图 2‐23 所示。

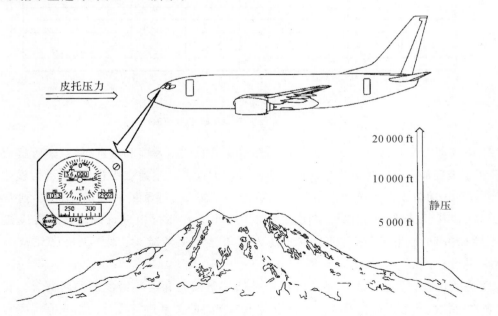

图 2‐21　B737‐800 型飞机高度空速表功能示意图

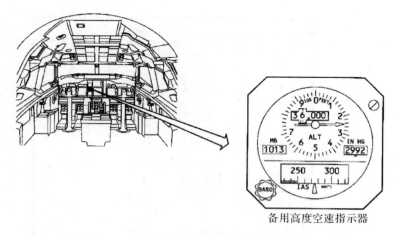

备用高度空速指示器

图 2-22　B737-800 型飞机高度空速表安装位置

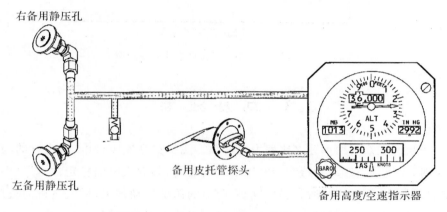

右备用静压孔

左备用静压孔

备用皮托管探头

备用高度/空速指示器

图 2-23　B737-800 型飞机高度空速表结构

（1）电源。B737-800 型飞机高度/空速指示器的激振器从直流备用汇流条通过机长高度/空速成激振器跳开关取得 28V 直流电。指示器从主暗亮和检查电路取得供仪表内灯光的 5V 交流电。

（2）动、静压接口。备用空速管和备用静压孔分别将大气动压和静压输送给备用高度/空速指示器。

（3）高度指示。表架上有一个吸振器以减小机械连接件中的摩擦误差而改善指示响应,此激振器接受从 28 V 备用汇流条送来的 28 V 直流电源;备用高度表从备用静压孔获取静压,压力敏感器响应静压变化而移动,并推动齿轮组,然后机械连接到高度计数器和指针。

在前面表盘上转动气压（BARO）置订旋钮时根据本地气压变化进行修正。

（4）空速指示。指示器机构有一个动压入口和一个静压入口,当动、静压变化时压力敏感器膨胀或收缩,其变形传送到计数器指出空速,如图 2-24 所示。

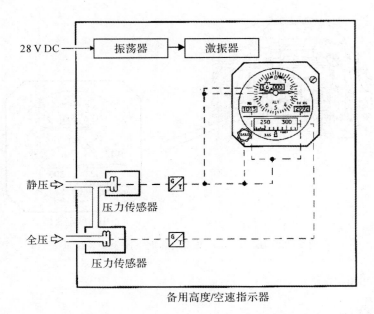

图 2-24　B737-800 型飞机高度空速表原理图

2.3　马赫数表

真空速与飞机所在高度的声速之比称为马赫数。飞机在高速飞行中,当飞行的马赫数超过临界马赫数时,飞机的空气动力特性会发生显著的变化,影响飞机的稳定性、操纵性等。例如,飞机可能自动倾斜;高空飞行时,飞机可能有明显的俯仰摆动现象;增大飞机的载荷因数,操纵驾驶杆的力量需要大大增加等,飞行员根据指示空速表不能判断飞机所受空气动力的情况。因此,必须用马赫数表来测量马赫数的大小,使飞行员在高速飞行时能正确地操纵飞机,保证飞行安全。所以,在高速飞机上均安装了马赫数表。马赫数表也可称为马赫数表,其测量原理和基本结构与真空速表基本相同。

2.3.1　工作原理

根据真空速与动压、静压、气温的关系和声速与气温的关系,可以求出马赫数与动压静压的关系。若保持静压、气温不变,动压增大,真空速必然相应地增大。声速不变,马赫数变大;若保持动压,气温不变,静压减小,真空速也必然增大,声速不变,马赫数也要变大;若动压、静压不变,气温升高,则真空速和声速按同样的比例增大,马赫数保持不变。由上面的分析可知:马赫数的大小只由动压和静压来决定,而与气温无关。根据马赫数的定义,可以求出马赫数与动压静压的关系为

$$Ma = \frac{v}{a}$$

若当 $v = K\sqrt{\dfrac{p_{\mathrm{T}} T_{\mathrm{H}}}{p_{\mathrm{H}}}}$，$a = \sqrt{kgRT_{\mathrm{H}}}$ 时，不考虑空气的可压缩性，式中，a 为飞机所在高度的声速，k 为绝热指数。则

$$M = \frac{K\sqrt{\dfrac{p_{\mathrm{T}} T_{\mathrm{H}}}{p_{\mathrm{H}}}}}{\sqrt{kgRT_{\mathrm{H}}}} = A\sqrt{\frac{p_{\mathrm{T}}}{p_{\mathrm{H}}}}$$

式中，$A = \dfrac{K}{\sqrt{kgR}}$，是一个常数。

由上式可知，马赫数与动压和静压有关，而与气温无关。

同理还可以证明：考虑空气的压缩性时，马赫数仍然只与动压、静压有关，只是表达式的结构不同而已。因此测量动压和静压就可以测量飞机的马赫数。

2.3.2　基本结构

如图 2-25 所示为一种马赫数表的原理结构图。其主要由开口膜盒、真空膜盒、拨杆式传送机构和指示部分等组成。图 2-25 中 A，B 和 C，D 均是主从式拨杆传送机构，通过游丝的作用使两拨杆始终接触。图 2-25 中 5,6 为补偿机构。

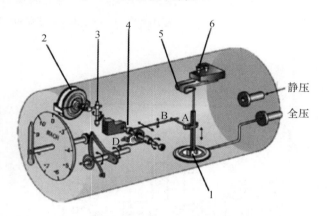

图 2-25　马赫数表原理结构
1,2—膜盆；3,4—轴；5,6—补偿机构；A,B,C,D—拨杆

如果空速增大、动压增大，膜盒 1 膨胀，则通过拨杆 AB 使轴 4 反时针转动，拨杆 C 和拨杆 D 使扇形齿轮反时针转动，指针指示增大；若高度增加，静压减小，膜盒 2 膨胀，则通过支架使轴 3 顺时针转动，轴 4 向右移动，拨杆 D 缩短，传动比增大，指示增大。反之，若空速减小，或高度降低，则指示减小。只要系统的传动比和刻度按马赫数与动静压的关系设计，仪表就将指示马赫数。

2.3.3　显示方法

有的马赫数表还在临界马赫数处装有临界 M 数指针或信号装置，用来提醒飞行人员注意。图 2-26 是另一种马赫数表的表面，刻度盘刻度范围为 0.5～1.0。当空速较低时，指针

被一个挡板遮住,不能看见。当空速增大时。指针转出。红色固定指针表示临界马赫数。

图 2-26　MC-1 马赫数表显示

　　传统飞机的指示空速和超速指示器是组合式仪表,即马赫-空速表。马赫-空速表上的白色指针代表指示空速(IAS),红、白相间指针指示最大操作速度/最大操作马赫数(VMO/MMO)。

　　电动马赫/座速表如图 2-27 所示,对飞机的超速状况可发出警告。马赫-空速警告系统在飞机出现超速状况时提供视频和音频警告。白色的指针指示出计算空速(CAS),红色指针指示出马赫数表警告计算机计算出的速度极限值。马赫-空速表上的窗口还用数字形式指示出计算空速和马赫数,当马赫空速警告计算机出现故障时,窗口内显示 VMO 和 MACH 故障旗。

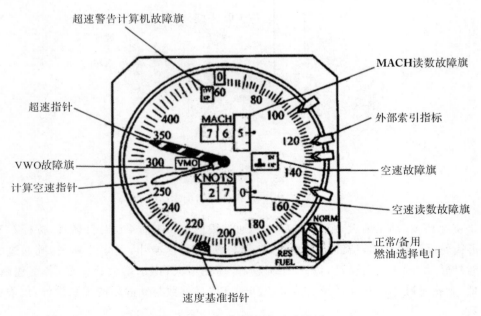

图 2-27　电动马赫/空速表显示

　　电子飞行仪表显示的空速位于主飞行显示器空速带上,马赫数位于空速带的底部。如图 2-28 所示为 B747-400 飞机的大气数据计算机输出的计算空速和马赫数。

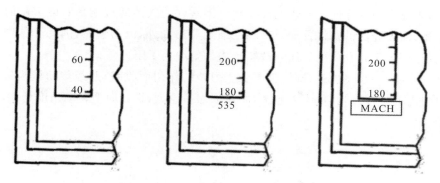

图 2-28　电子飞行表的马赫数显示

2.4　升降速度表

飞机在单位时间内高度的变化量(即飞机上升或下降的垂直速度)称为升降速度。飞机在飞行中,飞行高度经常会发生变化,如飞机爬高或下降就是高度变化的典型例子。用来测量飞机升降速度的仪表称为升降速度表,它是飞行指示和控制的重要仪表之一。

2.4.1　工作原理

当飞机的主要高度变化时,大气的压力也随之变化。因此,测量出气压变化的快慢,就能表示出飞机上升或下降的垂直速度。

升降速度表的基本工作原理如图 2-29 所示。表壳中有一个极灵敏的开口膜盒,经过导管与大气相通。飞机上升或下降时,膜盒中的气压随外界大气压的变化同时改变。表壳内的空气通过一个玻璃毛组管与外部大气相通,膜盒内空气则不易通过。因此。在飞机上升或下降时,表壳内的气压变化要比膜盒内气压变化慢。当飞机高度变化时,外界气压发生变化,膜盒内外就产生了压力差。飞机高度变化越快。膜盒内、外的压力差就越大。根据该压差大小,仪表指示出飞机上升或下降的垂直速度。

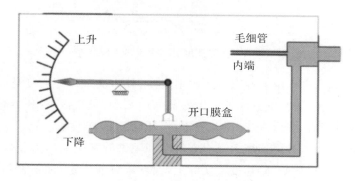

图 2-29　升降速度表基本原理

当飞机平飞时,膜盒内外压力相等,仪表指示为 0。当飞机高度增加时,大气压力逐渐降低,膜盒内与表壳中的气体同时向表壳外流动。膜盒内的气体通过铜导管能够随时迅速地与外界气压平衡;而表壳内的气体要通过玻璃毛细管流出壳外,流动较慢,因此壳体内的气压稍大于外界气压(即大于膜盒内的气压),故膜盒内外就产生了压力差。

如图2-30所示,当飞机上升时,膜盒受压力差的作用而收缩,并经传动机构带动指针向上偏转。飞机上升速度越快,压力差越大,膜盒回缩得越大,指针向上转动角度越大,则指示的上升速度值越大。

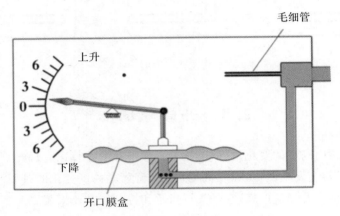

图2-30 升降速度表指示飞机上升状态

飞机下降时,与上述情况相反,如图2-31所示。膜盒膨胀,带动指针向下偏转,指示出飞机下降的速度。

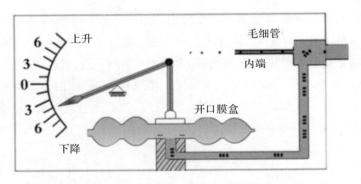

图2-31 升降速度表指示飞机下降状态

如图2-32所示,当飞机由上升或下降改平飞时,外界大气压不再变化,膜盒内的气压也不再变化。而壳体中的气体将继续向外或由外部向内流动,膜盒内、外压差慢慢减小,指针慢慢回转。经过一段时间后,膜盒内、外压差为零,指针也回到"0"位。

从上述分析可以看出,升降速度表只有在等温和毛细管两端的压力差保持动平衡的条件下,才能准确地指示出飞机的升降速度。实际上,温度不可能恒定,毛细管两端压差不可能迅速达到动态平衡,有一定的延迟。这些实际因素都将给升降速度表造成误差。这些仍是方法误差,必须从构造上加以修正补偿。

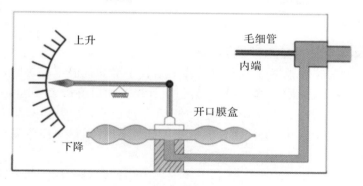

图 2 - 32 升降速度表指示飞机平飞状态

2.4.2 基本结构

如图 2 - 33 所示是一种升降速度表表面。

图 2 - 33 升降速度表表面

如图 2 - 34 所示为一种升降速度表的结构。开口膜盒的膜片较薄,非常灵敏。机务人员调整通过调整螺钉来调整仪表的零位,刻度单位为 $m \cdot s^{-1}$。

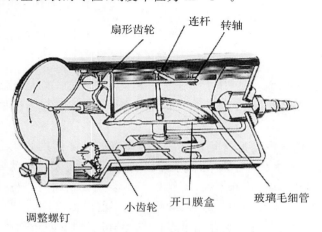

图 2 - 34 升降速度表的基本结构

2.4.3 使用误差

升降速度表主要有气温误差和延迟误差。

(1)气温误差。飞机外部、表壳内部气温和毛细管中平均气温不相等时,毛细管两端会产生压力差,使仪表指示出现误差,这就是气温误差,其误差相对值最大可达 30%。气温误差的大小与升速度有关。升降速度越大,误差越大,升降速度越小,误差越小仪表在零刻度附近基本上没有气温误差。因此,当用升降速度表检查飞机平飞时,虽然忽略气温误差,但是准确度较高。

(2)延迟误差。飞机升降速度跃变时,升降速度表需要经过一段时间才能指出相应数值,在这段时间内,仪表指示值与飞机升降速度实际值之差叫作延迟误差。自升降速度开始跃变到指示接近相应的稳定值所经过的时间,叫作延迟时间。

图 2-35 中虚线表示飞机升降率变化时仪表指示值的变化情况,是一条指数曲线。图中的阴影部分就是延迟误差。升降速度表产生延迟误差的原因是:仪表要指示实际的升降率,膜盒内、外必须有一个稳定的压力差,而这个稳定的压力差只有在毛细管两端气压变化率达到动平衡状态时才能形成。当飞机升降率跃变时,毛细管两端开始出现压力差,而要达到动平衡状态,就需要一个变化过程。在这段时间内仪表指示只能逐渐变化,不能立刻指示实际值,这样就出现了延迟误差。

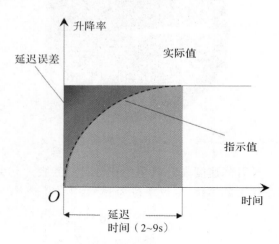

图 2-35 升降速度表的延迟误差

飞机升降率越大,膜盒内、外的压力差越大。因此,延迟误差越大,延迟时间越长。飞机在高空飞行时,由于空气密度小,达到动平衡的时间稍长。因此,高空飞行时延迟时间稍长,低空飞行时延迟时间稍短。

一般来说,升降速度表的延迟时间只有几秒。如有的升降速度表延迟时间为 2~7 s。为了减小升降速度表的延迟误差,飞机升降速度的跃变量不应太大。这就要求飞行员在操纵飞机时,移动驾驶杆应柔和,动作不能太猛,动作量也不能太大。同时,还应注意地平仪的指示,以便及时保持飞机状态。在改为平飞时,俯仰操纵还要留出提前量。

需要说明的是,虽然升降速度表存在延迟误差,但在零刻度附近误差却小,反应灵敏。飞机一旦出现上升或下降,仪表会立刻偏离零位。因此,升降速度表是了解飞机上升、下降或平飞状态的重要仪表。

2.4.4　升降速度表的使用

在飞机上常用的是压差式升降速度表,即通过测量大气压力的变化率来反映飞机升降运动速度。飞行员不仅在做机动飞行时需要掌握升降速度的大小,平飞时也要依据升降速度表的指示(是否偏离 0 位)来保持平飞。升降速度表比空速表敏感得多,能够反映出很小的高度变化,根据它是否指示在 0 位能准确地判断出飞机是否保持平飞状态。如果升降速度表指示在 0 位,说明飞机在平飞状态,指示在 0 以上说明飞机在上升,指示在 0 以下说明飞机在下降。因此,升降速度表可以作为地平仪的辅助仪表,是穿云下降和不良能见度着陆时很有价值的辅助设备。飞行高度一定时,升降速度表指示为 0。如果指针指示高于 0,则必须向下调整俯仰姿态,制止爬升趋势。

2.5　全静压系统

2.5.1　系统概述

全静压系统,又称空速管系统,是指用来收集气流的全压和静压,并把它们输送给需要全压、静压的仪表及有关设备。全静压系统能否准确并迅速地收集和输送气流的全压、静压,直接影响全静压系统仪表指示的准确性。高度表、升降速度表、空速表和马赫数表等基于测量全压、静压而工作的仪表,统称为全静压系统仪表,又称空速管系统仪表。全静压系统整体结构如图 2 - 36 所示。

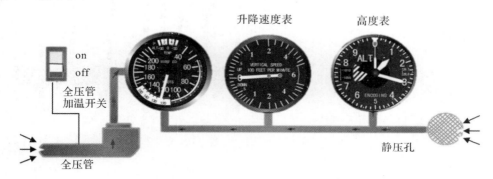

图 2 - 36　全静压系统整体结构

全静压系统是一个管道系统。它由探头、探孔、活门、软管、管道支管和排水装置等组成。探头感受全压和静压,并通过导管将气压输给使用气压的组件。探头装有加温装置以防止结冰。

全静压系统的主要传感器是四个探头,探头之间通过软管和管路相连。飞机一侧上部的探头和另一侧下部的探头相连,使飞机在转弯或有扰流时,取得静压管路里的静压平均值,从而避免造成正、副驾驶仪表之间的差别。两个备用静压孔相互连接,提供静压平均值给备用高度空速表。排水装置排除全静压系统中积聚的水分。

全静压管收集全压、静压的准确程度,与全静压管的结构、飞机迎角、飞行速度有关。大迎角飞行和跨声速飞行时,全静压管收集的全压或静压不准确。全静压系统输送全压静压的迅速程度,与飞机的升降率(即升降速度)有关。在飞行高度急速改变的过程中,全静压系统输送压力便有延迟现象。在上述情况下,全静压系统仪表的指示都会出现误差。

2.5.2 组成结构

1. 全静压管

全静压管(空速管)是用来在飞行中收集气流的全压和静压的装置。全静压管收集的全压和静压经过导管输送给全静压系统仪表,保证这些仪表的工作。如图 2-37 所示,全静压管一般包括全压静压和加温等部分。

全压部分用来收集气流的全压。全压口位于全静压管的头部正对气流方向。空气流至全压口时,完全受阻,流速为零,因而得到气流的全压。全压经全压室、全压接头和全压导管进入仪表。全压室下都有排水孔,全压室中凝结的水可由排水孔排出。静压部分用来收集气流的静压。静压孔位于全静压管周围没有紊流的地方。静压经静压室、静压接头和静压导管进入仪表,全静压管为一流线型的管子,表面十分光滑。其目的是减弱它对气流的扰动,以便准确地收集静压。加温部分用来给全静压管加温。加温电阻通电时,能使全静压管内都保持一定的温度,防止气流中的水汽因气温降低而在全静压管内部结冰,影响全静压管和有关仪表的正常工作。

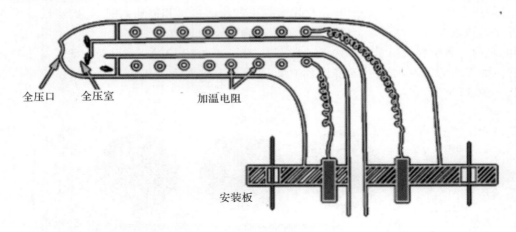

图 2-37 全静压管结构

2. 全静压探头、探孔

(1) 全静压探头。如图 2-38 所示,全静压管又称全静压探头,用来感受总压(全压)和环境压力(静压)。以 B737-300 机型为例,介绍当前通用的全静压探头结构和功用。探头的具体结构有些区别,设计原理是相同的。

为了提高探头收集全压、静压的精度,每架飞机往往装有多个探头,每个探头上有三个孔:一个孔朝前感受全压,两个孔在侧面感受静压。探头都采用支架固定,使其与机身表皮之间的距离保留几英寸,以减小气流的干扰。一个底座包括电气和气压接头。在底座上的双定位销用于探头安装时定位。

安装在探头内的防冰加温器防止探头结冰,加温器连接到底座上两个绝缘的插钉上。

密封垫用于提供座舱压力密封,安装在探头安装凸缘与机机体之间。

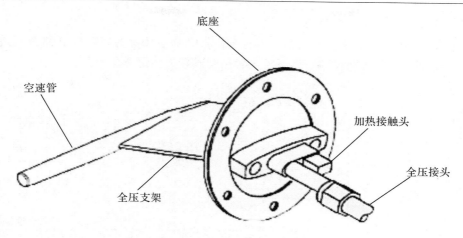

图 2 - 38　B737 - 300 全静压探头

　　加温时,探头可达到很高的温度,触摸时可导致皮肤烫伤。因此地面通电时,加温时间不能超过 5 min。若探头损坏或加温器发生故障,必须更换整个探头。

　　为了提高静压收集的准确程度。有的机型上全静压探头上只有全压孔,而静压孔集中在飞机机身两侧,如 B737 - 700 机型的全压管。

　　(2)备用静压孔。如图 2 - 39 所示,静压孔在机身蒙皮上切口内平齐安装。在孔周围喷有圆漆,其下面标有注意事项。要求保持圈内的清洁和平滑,静压孔不能变形或堵塞。

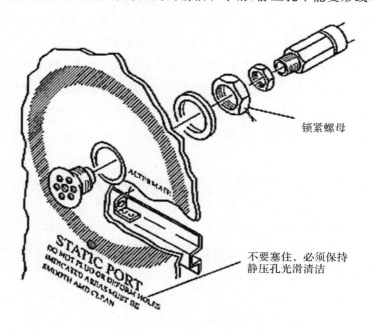

图 2 - 39　B737 - 300 静压孔

2.5.3　基本故障

全静压系统的常见故障主要包括管路的泄漏和堵塞。

1.管路泄漏对仪表显示的影响

在飞机上,增压舱和非增压舱内都可能有全压管和静压管穿过,因此,管路泄漏造成的后果取决于泄漏部位的位置和尺寸。以下讨论管路裂洞较大的情况。

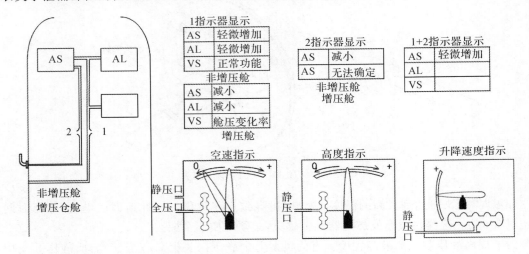

图 2-40　全、静压管泄漏对仪表指示的影响
1—静压管；　2—全压管

(1)静压管在非增压舱泄漏。如图 2-40 中 1 所示,在飞行期间,静压管在非增压舱泄漏。此时,在破口处由于文氏管效应,气流流速稍快,静压管内的静压比正常压力稍小一些。因此,高度表的高度指示将略有增加。由于全压不受影响,故动压稍有增加,所以空速指示也比正常的值稍高一些。升降速度表在管路泄漏的瞬间,指针跳动一下之后,指示正确数值。

(2)静压管在增压舱泄漏。如图 2-40 中 2 所示,在飞行期间,静压管在增压舱泄漏。此时,增压舱的压力从破口处压入,从而使静压管内的静压比正常压力高。因此,高度表的高度指示减小。由于全压不受影响,故动压减小,所以空速指示比正常值小。升降速度表的指示取决于增压舱的压力变化率。

(3)全压管在非增压舱或增压舱泄漏。全压管泄漏仅影响空速表的指示,高度表和升降速度表不受影响。

如图 2-40 中 2 所示,当全压管在非增压舱发生泄漏时,全压与静压几乎相等,空速表上的空速指示减小。由于无法确定全压管破裂时,全压管内的压力与增压舱内的压力哪个大因此,在增压舱泄漏时很难确定空速表如何指示。

(4)全压管和静压管同时泄露。如图 2-40 所示,当静压和全压管路同时发生泄漏时,由于全压和静压趋于相同,所以空速表指示为零。高度表和升降速度表的显示与前面的分析结果相同,此处不再详述。

2.管路堵塞对仪表显示的影响

在飞机飞行期间,高空有水汽,并且温度低,因此在全压孔和静压孔处容易结冰。外来物的进入,也有可能在全静压孔处造成堵塞。

（1）静压孔堵塞。如图 2-41 所示，当静压孔被冰或外来物堵塞时，静压保持恒定。仪表指示将发生如下现象：当飞机以一定速度爬升时，全压逐渐减小，使动压减小，空速指示减小，高度表指示不变，升降速度表指示为零；当飞机以一定速度下降时，全压逐渐增大，动压增加，空速指示增大，高度表指示不变，升降速度表指示为零。

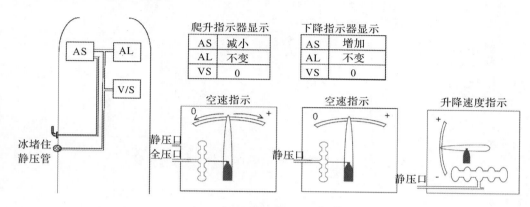

图 2-41　静压管堵塞对仪表指示的影响

（2）全压管完全堵塞。如图 2-42 所示，当空速管完全堵塞时，全压不变，空速表受到影响。高度表和升降速度表指示正常。

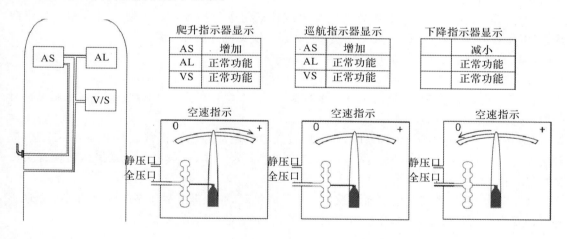

图 2-42　静压管堵塞对仪表指示的影响

当飞机保持以一定速度爬升时，静压减小，动压增大，使空速指示增大，可能指到超速区；当飞机巡航或保持一定高度飞行时，静压不变。此时，空速表指针冻结不动，即使发动机改变推力使飞机加速或减速飞行，空速表的指针仍然不动；当飞机以一定速度下降时，静压增加，动压减小，空速指示减小，可能指到失速区。

（3）全压孔堵塞排水孔畅通。如图 2-43 所示，当全压孔堵塞，但全压管上的排水孔畅通时，全压管内的压力减小到静压值，从而使动压为零，空速表指示为零。

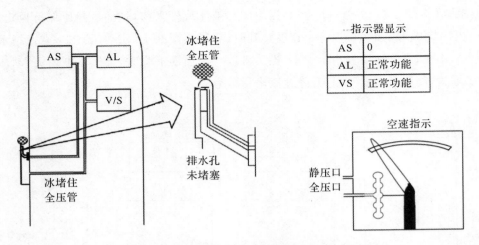

图 2 - 43　全压管堵塞、排水孔畅通对仪表指示的影响

2.5.4　使用方法

1. 地面使用

(1)全静压管、全压管和静压孔的布套和堵塞材料应取下,并检查是否有外来物堵塞,布套和堵塞都有醒目的红色标志,易于检查。

(2)全静压管、全压管和静压孔的电加温应按规定进行检查。由于地面没有相对气流散热,通电检查时间不能太长,一般不超过 1~2 min,以免烧坏加热元件。

(4)全、静压转换开关均应放在"正常"位。

2. 空中使用

(1)大、中型飞机应在临起飞前接通电加温开关,小型飞机则在可能结冰的条件下飞行时(如有雾雨雪等)接通电加温。

(2)在"正常"位,全、静压失效时,一般应首先检查电加温是否正常。若电加温不正常,应设法恢复正常;如果在"正常"位,全静压系统仍不能有效工作,则应将全压或静压转换开关放到"备用"位。

(3)如果全静压系统被堵塞而又没有"备用"系统时,应根据全静压系统仪表的工作原理正确判断受影响的仪表,然后综合利用其他仪表的指示信息,保证安全操纵。

2.5.5　B737 - 800 型飞机全静压系统工作原理

B737 - 800 型飞机全静压系统原理简图如图 2 - 44 所示。

B737 - 800 的全静压设备分布如图 2 - 45 所示。

(1)3 个空速管。机长空速管在飞机的左侧,副驾驶和辅助驾驶空速管位于飞机的右侧。

(2)6 个静压探口。在飞机的每一侧都有一个机长、副驾驶和备用静压探口。

B737 - 800 飞机的两个主空速管连接到两个全压大气数据模块(ADM)。两套主静压探口连接到两个静压 ADM。一个支架使探头远离机身几英寸以减小气流扰动的影响。一个底座内包含有电气和气压接头。安装于底座和机身结构之间的衬垫形成一个压力密封。探头内的防冰加热器用来防止探头结冰。加热器连接到底座内的电气接头上。大气数据模块的输入信号,包括来自全静压系统全压探头的大气以及来自静压孔的大气,由程序销钉接地决定的离散信号。电源使用大气数据计算机系统的电源(13.5 V 直流电)。如图 2-46 所示为全静压系统接口。

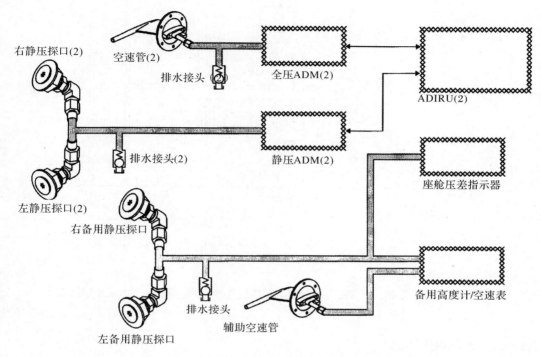

图 2-44　B737-800 型飞机全静压系统原理简图

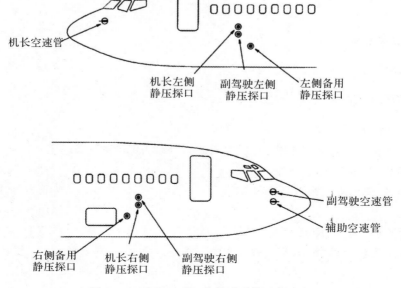

图 2-45　B737-800 全静压系统设备分布

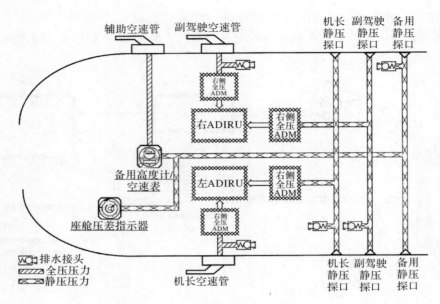

图 2-46 B737-800 全静压系统接口

2.6 模拟机训练:典型机型全静压系统基础训练

2.6.1 操作相关信息

1.操作依据

AMM34-11。

2.飞机构型

001。

2.6.2 初始条件

接通地面电源。

2.6.3 操作步骤

1.确认地面电源已接通。　　　　　　□是　　　　　　□否

2.在三维飞机前起落架附近找到组件"PITOT PROBE"(皮托管),其中

"CAPT PITOT PROBE"位于＿＿＿＿＿＿＿＿＿＿＿＿＿＿＿＿＿＿＿＿;

"FIRST OFFICER PITOT PROBE"位于＿＿＿＿＿＿＿＿＿＿＿＿＿＿

＿＿＿＿＿＿＿＿＿＿＿＿＿＿＿＿＿＿＿＿＿;

"STANBY PITOT PROBE"位于＿＿＿＿＿＿＿＿＿＿＿＿＿＿＿＿＿。

3.观察三维飞机上的"STATIC PORT"(静压孔),完成表 2-2。

表 2 − 2　**A320 静压孔分布情况表**

序　号	描　述	选　项	
1	飞机左侧是否有"CAPT STATIC PORT"	□是	□否
2	飞机左侧是否有"F/O STATIC PORT"	□是	□否
3	飞机左侧是否有"STBY STATIC PORT"	□是	□否
4	飞机右侧是否有"CAPT STATIC PORT"	□是	□否
5	飞机右侧是否有"F/O STATIC PORT"	□是	□否
6	飞机右侧是否有"STBY STATIC PORT"	□是	□否

4.请将任意静压孔下方的红色警告文字记录＿＿＿＿＿＿＿＿＿＿＿＿＿

＿＿＿＿＿＿＿＿＿＿＿＿＿＿＿＿＿＿＿＿＿＿＿＿＿＿＿＿＿＿。

其含义是：＿＿＿＿＿＿＿＿＿＿＿＿＿＿＿＿＿＿＿＿＿＿＿＿＿＿＿

＿＿＿＿＿＿＿＿＿＿＿＿＿＿＿＿＿＿＿＿＿＿＿＿＿＿＿＿＿＿。

5.观察三维飞机上的"TOTAL AIR TEMPERATURE"(大气总温探头),共有＿＿＿＿个,分别位于＿＿＿＿＿＿＿＿＿＿＿＿＿＿＿＿＿＿＿＿＿＿＿＿。

6.观察三维飞机上的"ANGLE OF ATTACK"(迎角探测器)共有＿＿＿＿个,其中"STANBY ANGLE OF ATTACK"位于＿＿＿＿＿＿＿＿＿＿＿＿＿＿＿。

7.在三维飞机上找到"AIR DATA MODULE"(大气数据模块),查看其"ID CARD",完成表 2 − 3。

表 2 − 3　**A320 大气数据模块分布情况表**

序　号	名　称	FIN	入　口	ZONE	ATA
1		19FP8	811		
2		19FP1	812		
3		19FP3	812		
4		19FP2	822		
5		19FP4	824		
6		19FP5	824		
7		19FP6	824		
8		19FP7	824		

8.参考 AMM34 − 12 − 34 PB 401 中的"FIGURE 34 − 12 − 34 − 991 − 002 − A/SHEET 401.1/1 − Air Data/Inertial Reference Unit(ADIRU)",回答下列问题:

(1)ADIRU 的入口编号是＿＿＿＿＿＿＿＿＿＿＿＿＿。

(2)ADIRU1,ADIRU2,ADIRU3 的 FIN 分别是＿＿＿＿、＿＿＿＿、＿＿＿＿。

9.综合步骤 1－8 中的数据,参考:

(1)AMM 34－11－15 PB 401 中的"Figure 34－11－15－991－001－A/SHEET 401.1/1－Pitot Probe"

(2)AMM 34－11－16 PB 401 中的"Figure 34－11－16－991－001－A/SHEET 401.1/1－Staitc Probe"

(3)AMM 34－11－18 PB 401 中的"Figure 34－11－18－991－001－A/SHEET 401A.1/1－Total Air Temperature"

(4)AMM 34－11－19 PB 401 中的"Figure 34－11－19－991－002/SHEET 401.1/1－Angle of Attack Sensor"

完成表 2－4。

表 2－4 A320 飞机大气数据系统组件清单

序　号	名　称	数　量	FIN	服务对象		
1	PITOT PROBE（皮托管）			☐CAPT	☐F/O	☐STBY
2				☐CAPT	☐F/O	☐STBY
3				☐CAPT	☐F/O	☐STBY
4	STATIC PORT（静压孔）			☐CAPT	☐F/O	☐STBY
5				☐CAPT	☐F/O	☐STBY
6				☐CAPT	☐F/O	☐STBY
7				☐CAPT	☐F/O	☐STBY
8				☐CAPT	☐F/O	☐STBY
9				☐CAPT	☐F/O	☐STBY
10	TOTAL AIR TEMPERATURE（大气总温探头）			☐CAPT	☐F/O	☐STBY
11				☐CAPT	☐F/O	☐STBY
12	ANGLE OF ATTACK（迎角探测器）			☐CAPT	☐F/O	☐STBY
13				☐CAPT	☐F/O	☐STBY
14				☐CAPT	☐F/O	☐STBY
15	AIR DATA MODULE（大气数据模块）			☐CAPT	☐F/O	☐STBY
16				☐CAPT	☐F/O	☐STBY
17				☐CAPT	☐F/O	☐STBY
18				☐CAPT	☐F/O	☐STBY
19				☐CAPT	☐F/O	☐STBY
20				☐CAPT	☐F/O	☐STBY
21				☐CAPT	☐F/O	☐STBY
22				☐CAPT	☐F/O	☐STBY

续 表

序号	名称	数量	FIN	服务对象		
23	AIR DATA AND INERTIAL REFERENCE UNIT (大气数据与惯性基准组件)			□CAPT	□F/O	□STBY
24				□CAPT	□F/O	□STBY
25				□CAPT	□F/O	□STBY

* 若飞机实际情况与表格不符合,在相应条目后签署"N/A"

10. 参考"ASM 34－10－00 SCH 01 P105 Figure 1 － NAVIGATION AIR DATA/ INERTIAL REF SYSTEM(ADIRS) BLOCK DIAGRAM",完成图 2－47 大气数据系统数据采集部分的原理图。

* 注:连接组件时请按以下要求画线:

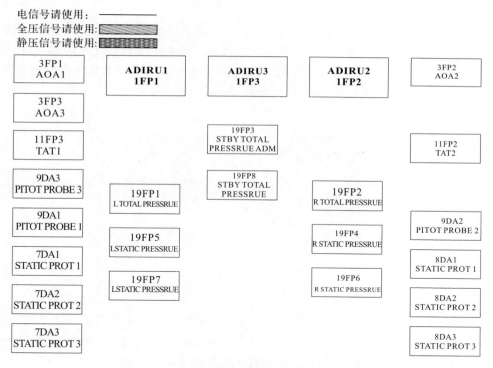

图 2－47　大气数据系统数据采集部分的原理图

第3章 陀螺仪表

在航空飞行中,飞行员必须正确了解飞机的姿态才能准确地驾驶飞机。飞机姿态的测量主要是指飞机姿态角和姿态角速度的测量,通常使用的设备有航空地平仪、转弯仪和侧滑仪。地平仪能直接显示出飞机在空中的俯仰角和倾斜角,转弯仪和侧滑仪能帮助飞行员鉴别飞机在空中有无转弯和侧滑现象。地平仪和转弯仪最核心的功能部件就是陀螺。

3.1 陀螺基本知识

能够绕定点轴作高速旋转的物体称为陀螺。例如,玩具"地转子"和"空竹",当它们静止时和普通物体没有什么区别,如图 3-1(a)所示。而在它们做高速旋转后就是陀螺,地转子能稳定地直立在地面不会倒下,如图 3-1(b)所示。两头质量不相等的空竹能保持与地面平行而不会歪斜,这说明高速旋转的物体具有保持其自转轴方向不变的特性。

图 3-1 地转子

(a)静止时; (b)高速旋转时

前文说的陀螺比较简单,应用价值不高。比如说地转子陀螺,由于它的支撑点没有一个固定的连接,当台面倾斜后,陀螺在重力作用下会沿斜面方向下滑,跌倒后也就失去陀螺的特性。实际应用的陀螺是用两个(或一个)可以自由转动的框架把陀螺支撑起来的,如图 3-2 所示,把这种用支架支撑起来的陀螺叫作陀螺仪(Gyroscope)。它在科学技术、航空、军事等各个领域有着广泛的应用。比如回转罗盘、定向指示仪、炮弹的翻转、陀螺的章动、地球在太阳(月球)引力矩作用下的旋进(岁差)等。

陀螺仪是将陀螺做成飞轮形式,并称它为转子,支撑转子轴的框架称为内框,支撑内框轴的框架称为外框,支撑外框轴的底座称为支架。转子可以在内框中高速旋转,其旋转轴称为自转轴,旋转角速度称为自转角速度。内框可以绕内框轴相对外框自由旋转,外框又可以绕外框轴相对文架自由转动,这两种转动的角速度对陀螺来说称为牵连角速度。自转轴与内框轴垂直,内框轴与外框轴垂直,而且三轴的轴线相交于一点,该点称为陀螺的支点。整个陀螺可以绕着支点作任意方向的转动。由此可知,如果不考虑支座在空间沿三轴(指空间立体坐标三轴)方向的线位移,那么这种陀螺仪的转子可以绕三轴自由转动(即三个角位移)。

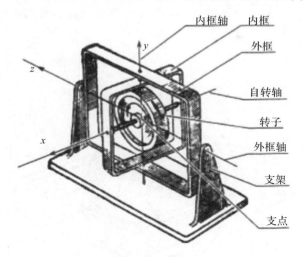

图 3 - 2　陀螺仪

3.1.1　陀螺的种类

陀螺是用来测量物体相对惯性空间转角或角速度的装置,它的种类很多,包括普通刚体转子陀螺、挠性陀螺、激光陀螺、光纤陀螺、粒子陀螺和低温陀螺等。目前飞机上应用最多的是刚体转子陀螺和激光陀螺。

每个陀螺所允许的转动自由度数决定了陀螺的应用,根据自转轴自由度的不同,可分为三自由度陀螺和二自由度陀螺,由这两种基本陀螺可以组成具有不同功能的航空仪表。

(1)三自由度陀螺。在航空仪表中,用两个框架来支撑的陀螺仪叫三自由度陀螺仪(简称三自由度陀螺),它由转子、内框、外框组成,且转子能够绕三个互相垂直的轴自由旋转,如图3-3所示。

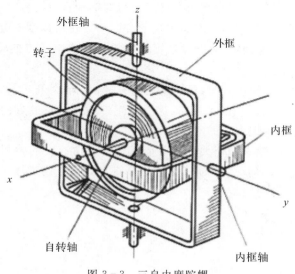

图 3 - 3　三自由度陀螺

（2）二自由度陀螺。用一个框架来支撑的陀螺仪叫作二自由度陀螺仪（简称二自由度陀螺），它只有转子和内框，且转子只能绕两个互相垂直的轴自由旋转的陀螺，如图3-4所示。

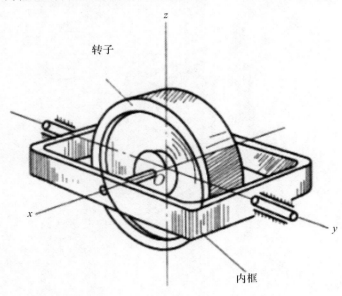

图3-4　二自由度陀螺

3.1.2　陀螺的基本特性

1. 陀螺力矩

绕对称轴高速旋转的转子当旋转轴在空间中改变方位时所表现出的抗阻力矩，通常称为陀螺力矩（Gyroscopic Moment），又称回转力矩。例如飞机的涡轮转子高速自转，在飞机转弯因而转子轴承迫使转子轴连同转子发生进动时，转子轴即有力偶矩等于陀螺力矩的力偶作用在两端轴承上。

（1）陀螺力矩的方向。物体同时绕两个互不平行的轴旋转时，会产生陀螺力矩。陀螺力矩矢量垂直于两个转轴所组成的平面。陀螺力矩的方向与自转角速度的方向和牵连角速度的方向有关，并可用以下的规则来确定：牵连角速度矢量沿转子自转的方向转90°就是陀螺力矩矢量的方向，如图3-5所示。

牵连角速度矢量朝z轴的正方向，自转角速度矢量朝x轴的正方向，则牵连角速度矢量沿转子旋转方向转90°，将指向y轴的负方向，这就是陀螺力矩矢量的方向。故转子的动量矩和牵连角速度的方向决定了陀螺力矩的方向。

（2）陀螺力矩的大小。陀螺力矩大小与动量矩和牵连角速度的乘积成正比。当陀螺以角速度ω绕其对称轴高速自转时，若同时以角速度Ω进动，则由赖柴耳定理及陀螺的近似理论可知，此时作用于陀螺的外力矩

$$M_0 = \Omega \times J_z \omega \qquad (3.1)$$

而陀螺力矩

$$M_G = M_0 = J_z \omega \times \Omega \qquad (3.2)$$

式中，J_z为陀螺对自转轴z的转动惯量。

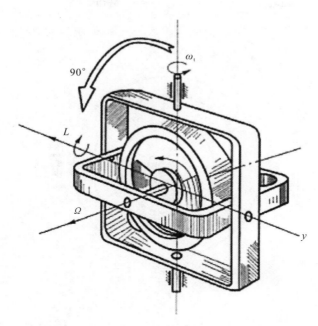

图 3 - 5　陀螺力矩的方向判断

2. 陀螺的基本特性

转子高速转动后,就变成了真正的陀螺,陀螺主要有空间稳定性和进动性两个基本特性。

(1)空间稳定性。地转子能稳定地直立在地面不会倒下的特性称为陀螺的稳定性。稳定性越好,在向陀螺施加外力之前,就越难使自转轴离开其转动平面。比如,如果要使转动的自行车的轮子绕其自转轴翻倒,它一定要转过 90°,而且如果没有外力作用,只要自行车在正常的速度下行驶,就不会发生翻倒的情况。

(2)进动性。当外力试图使陀螺轴发生倾斜时,陀螺轴并不沿外力的方向倒下,而是按转子的转向沿偏转 90°的方向倒下。比如,如果要使自行车转弯,自行车轮相当于陀螺转子,骑车人侧倾身体相当于给陀螺加上外力矩,自行车自动转弯就是陀螺进动的表现。

3. 三自由度陀螺的基本特性

(1)稳定性。三自由度陀螺的稳定性,是指陀螺自转轴相对惯性空间保持稳定,而不是对地球保持稳定。三自由度陀螺的稳定性有定轴性和章动两种表现形式。

1)定轴性(见图 3 - 6)。无论基座绕陀螺仪自转轴转动,还是绕内框架轴或外框架轴方向转动,都不会直接带动陀螺转子一起转动(指转子自转之外的转动)。由内、外框架所组成的框架装置,将基座的转动与陀螺转子隔离开来。这样,如果陀螺仪自转轴稳定在惯性空间的某个方位上,当基座转动时,它仍然稳定在原来的方位上。这种特性叫定轴性,例如,把三自由度陀螺放在地球的北极,并使其自转轴与地球自转轴垂直(即水平放置),如图 3 - 6(b)所示。开始,观察者面对陀螺自转轴的 A 端(即位置 I),经过 6 h 后,观察者随地球转到了位置 I,而陀螺自转轴在惯性空间的方位仍然不变。这就说明,当陀螺不受外力矩作用时,不管基座(地球)如何变化,自转轴指向惯性空间的方位不变。如果将陀螺放在地球的赤道上,开始使其自转轴垂直当地的地平面,如图 3 - 6(c)所示的位置处,同样可以观察到陀螺的定轴特性。

上述现象表明,若以地球为基准,则可以认为三自由度陀螺相对于地球运动,这和人们看到太阳在围绕地球旋转的道理相同,这种运动称为陀螺的假视运动或视在运动。

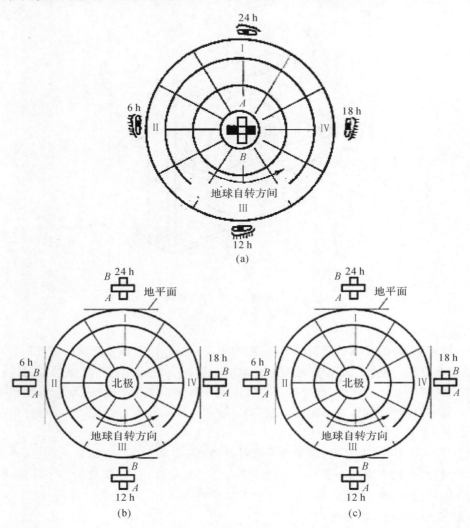

图 3-6 三自由度陀螺的定轴性

(a)地球自转情况; (b)三自由度陀螺位于北极; (c)三自由度陀螺位于赤道

2)章动。陀螺的稳定性还表现为在陀螺受到瞬时冲击力矩后,自转轴在原位附近做微小的圆锥运动,其转子轴的大小方向基本不变,这种现象叫作陀螺的章动。如图 3-7 所示,当三自由度陀螺内框上受到瞬时的频率比较高,但振幅很小,自转轴在惯性空间中的方位改变是极其微小的,且很容易衰减。当章动的圆锥角为零时,就是定轴。因此章动是陀螺稳定的一般形式,定轴是陀螺稳定性的特殊形式。

(2)进动性。当三自由度陀螺受到外力矩作用时,三自由度陀螺转动方向与外力矩作用方向不一致,即转动方向(指角速度矢量方向)与外力矩方向相互垂直。例如,若外力矩 M 绕内框轴作用在陀螺仪上,陀螺绕外框轴转动,如图 3-8(a)所示;若外力矩 M 绕外框轴作用在陀螺仪上,则陀螺绕内框轴转动,如图 3-8(b)所示。陀螺的这种特性叫进动性。

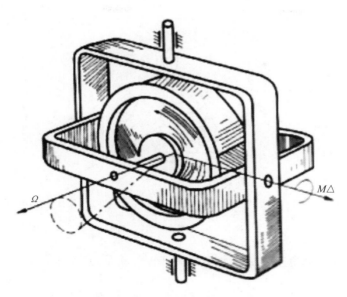

图 3-7　三自由度陀螺的章动

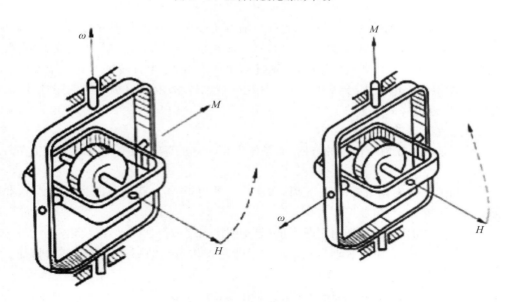

图 3-8　外力矩作用下陀螺仪的进动

(a)外力矩 M 绕内框作用在陀螺仪上；　(b)外力矩 M 绕外框轴作用在陀螺仪上

1)进动方向。进动性是三自由度陀螺仪的一个基本特性。陀螺仪绕着与外力矩矢量相垂直的方向的转动,叫作进动,其转动角速度叫作进动角速度。

进动角速度 ω 的方向取决于转子动量矩 H 和外力矩 M 的方向。外加力矩沿陀螺自转方向转动 90°,即为进动角速度(ω)的矢量方向。或者用右手定则记忆,即:将右手大拇指伸直,其余四指以最短路线从转子动量矩 H 的方向握向外力矩 M 的方向,则大拇指的方向就是进动角速度矢量 ω 的方向,如图 3-9 所示。

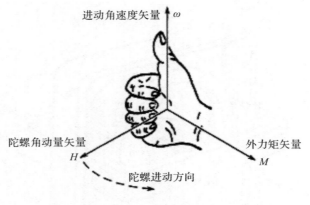

进动角速度矢量 ω

陀螺角动量矢量 H

外力矩矢量 M

陀螺进动方向

图 3-9　陀螺进动的方向

2)进动角速度。进动角速度 ω 的大小取决于转子动量矩 H 的大小和外力矩 M 的大小。其计算公式为

$$\omega = \frac{M}{H\cos\theta} = \frac{M}{J\,\Omega\cos\theta} \tag{3.3}$$

式中，J 为转子对自转轴的转动惯量，θ 为自转轴偏离外框轴垂直平面的夹角。上式表明，当自转轴与外框垂直时，进动角速度 ω 与外力矩 M 成正比，与转子动量矩 H 成反比；当自转轴与外框轴垂直时（$\theta = 0$），进动角最小，否则进动角速度增大；当自转轴与外框架方向一致时（$\theta = 90°$），陀螺失去稳定性，会发生整个陀螺绕外框轴转动现象，这种现象叫陀螺的"飞转"。实际应用中，应避免这一情况的发生。

3)三自由度陀螺进动的特点。

a.运动不是发生在力矩作用的方向，而是发生在和它垂直的方向；非陀螺体发生在力矩作用的方向。

b.进动角速度 ω 在动量矩 H 一定时，对应一个外力矩 M 只有一个进动角速度；而非陀螺体角速度则不断变化，与角加速度对应。

c.当外力矩停止作用时，进动立即停止；非陀螺体则要做惯性运动，继续运动下去。

由以上分析可看出，陀螺进动运动是区别于非陀螺体运动的一个非常明显的特征。它是陀螺仪的宝贵特性之一。

在日常生活中也能见到陀螺进动现象。如在骑自行车时，当车速增至一定速度，可将两手撒开不扶车把，由身体左右偏摆来控制前轮方向。这是因为身体的左右偏摆等于给前轮施加一个力矩，引起前轮轴进动的结果。如图 3-10 所示，车子前进时，轮子自转角速度（Ω）矢量朝左，要想让车子向左转弯，只要将身体向左偏摆，给车子施加一个向后的力矩（M）矢量，前轮必然向左转弯（即前轮进动角速度矢量 ω 朝上）。

飞机在飞行中，有时也会也现陀螺现象。例如，当飞机转弯时会出现上仰或下俯的现象，如图 3-11 所示。这是因为，飞机的螺旋桨（或涡轮）可以看作一个陀螺转子。整个飞机相当于一个三自由度陀螺。飞机转弯时，螺旋桨一方面自转，另一方面又随飞机绕立轴旋转。从而出现进动现象，使飞机上仰或下俯。要消除这种现象，使机保持水平转弯，必须推杆或拉杆，让升舵产生操纵力矩，与陀螺力矩（产生进动力矩）平衡。

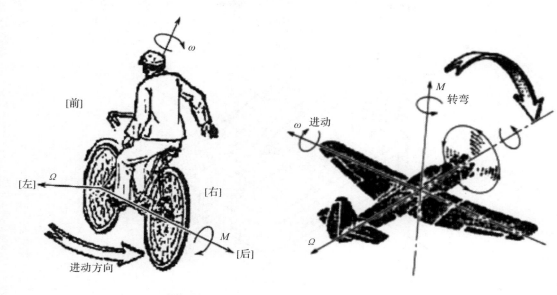

图 3-10　自动车的陀螺效应　　　　　图 3-11　飞机转弯时的进动现象

（3）陀螺稳定性与进动性的关系。稳定性和进动性是陀螺的两个基本特性,是陀螺运动过程中互相矛盾的两方面。从稳定性的角度来说,稳定性越好的陀螺,进动就越不明显,即在一定的外力作用下进动得越慢;从进动性的角度来说,进动越明显的陀螺,稳定性越差。

稳定性和进动性在一定条件下可以互相转化。当没有外力矩作用或者外力矩的作用时间很短时,陀螺处于稳定状态,表现出定轴或章动的特性。当受到常值外力矩作用时,陀螺就从稳定转化为进动,表现出进动特性。一旦外力矩消失,陀螺便又在新的位置上稳定下来,即从进动转化为新的稳定。显然,在这种转化过程中,条件是极为重要的,没有一定的条件不会转化。

4.二自由度陀螺的基本特性

二自由度陀螺的基本特性是进动性,二自由度陀螺不具有稳定性。

二自由度陀螺的运动规律和三自由度陀螺的运动规律有共同点。例如,只要它们同时存在自转角速度和牵连角速度,都会产生陀螺力矩。但是由于二自由度陀螺比三自由度陀螺少了一个自由度,其运动规律又有许多不同于三自由度陀螺的特点。

（1）二自由度陀螺的进动特性。二自由度陀螺的进动,如图 3-12 所示。设二自由度陀螺以角速度 Ω 自转,自转角速度矢量朝左,牵连角速度矢量朝上。在自转角速度和牵连角速度的共同作用下,二自由度陀螺会产生绕内框轴的陀螺力矩 L,其方向朝前。在此力矩作用下,陀螺以角速度 ω 绕内框轴转动,称为二自由度陀螺的进动。

（2）二自由度陀螺与三自由度陀螺进动性的区别。由于二自由度陀螺与三自由度陀螺结构不同,两种陀螺进动性区别主要表现如下:

1）三自由度陀螺在常值外力矩作用下作等速进动,二自由度陀螺在牵连角速度作用下加速进动。

2）三自由度陀螺在外力矩消失后立即停止进动,二自由度陀螺在牵连角速度消失后维持等速运动。

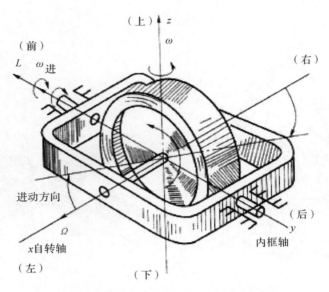

图 3 - 12　二自由度陀螺的进动

3.2　陀　螺　仪　表

在飞机上,陀螺仪主要是用来测量飞机的姿态角、航向角和角速度。按其所测参数的用途不同,飞机陀螺仪可分为指示式与传感式两类。用来给出判读指示的属于指示式陀螺仪表;而用于输出信号给飞机其他系统的属于传感式陀螺仪表(亦称为陀螺传感器)。

指示式陀螺仪表有陀螺地平仪(用于指示飞机的姿态角)、陀螺半罗盘(用于指示飞机的航向角)和陀螺磁罗盘(用于指示飞机的航向角),这些仪表都是三自由度陀螺的具体应用;陀螺转弯仪(用于指示飞机的转弯或盘旋)为二自由度陀螺的具体应用。

传感式陀螺仪表作用:测量飞机的姿态角,并输出与这些被测量角成一定关系的电信号的陀螺仪称为垂直陀螺仪;测量飞机的航向角,并输出与之成一定关系的电信号的陀螺仪称为方位陀螺仪(或航向陀螺仪),这些仪表都是三自由度陀螺的具体应用。测量飞机的转弯角速度,并输出与之成一定关系的电信号的陀螺仪称为速率陀螺仪,为二自由度陀螺的具体应用。这些仪表主要是给飞行自动控制系统或其他机载设备提供电信号。

3.2.1　航空地平仪

1.航空地平仪的功用

飞机的俯仰角和倾斜角表示飞机的飞行姿态。飞行姿态对于飞机的运动状态和保证飞行安全都有重要的意义,因此,陀螺地平仪或指引地平仪作为首要的飞行仪表,通常被安装在仪表板中间最显著的位置上。

航空地平仪又称陀螺地平仪或垂直地平仪,它是用于指示飞机相对于俯仰轴(横轴)和横滚轴(纵轴)的姿态,如图 3-13 所示。陀螺地平仪在无法看到自然地平线的飞行中(例如在云中飞行时)非常必要,因此飞机有两只地平仪(正、副驾驶各一只),而航线运输机还要加装一只备用地平仪,在主地平仪出现故障时使用。

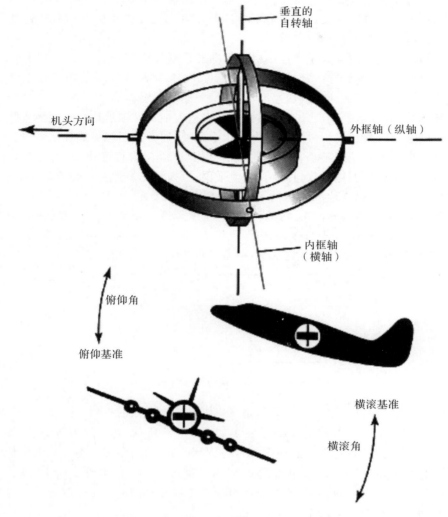

图 3-13　陀螺地平仪的功用

2.地平仪的基本组成和测量原理

(1)地平仪的基本组成及分类。地平仪的组成部分包括三自由度陀螺、摆式修正器、指示部分和控制机构,如图 3-14 所示。在地平仪的四组成部分中,陀螺和地垂修正器是组成地平仪的核心。因为地垂修正器的敏感元件实质上是一个摆,所以从原理上说,陀螺和摆是组成地平仪的核心。

1)地垂修正器。用来测量地垂线并对陀螺进行地垂修正,是地平仪的修正部分。目前,电动地平仪采用的修正器主要有固体摆式修正器和液体摆式修正器两种。

2)三自由度陀螺的作用。稳定性好,但不能敏感地垂线。

3)单摆的作用能敏感地垂线,但稳定性不好。

通常它们配合使用。在正常情况下,用单摆实时对三自由度陀螺进行修正;当飞机机动飞行时,用三自由度陀螺的稳定性,将转子的自转轴稳定在地垂线方向。

4)指示机构。用来向驾驶员提供飞机姿态角的目视信号。有的地平仪还安装了信号传感器,用来向姿态指示器、自动驾驶仪及其他机载设备提供飞机姿态角的电信号。比如,缩影小飞机,俯仰刻度盘,倾斜刻度盘和人工地平线(指标)。

5)控制机构。控制机构分为陀螺控制机构和摆的控制机构。

摆的控制机构:在飞机具有一定加速度或角速度时,自动断开摆对陀螺的修正作用,避免地平仪产生误差,通常采用活动壁或加速度传感器、角速度传感器等。

陀螺的控制机构:在地平仪启动时或飞机机动飞行后使自转轴迅速恢复到地垂线方向,从而缩短启动时间或消除机动飞行过程中产生的指示误差,通常采用机械式锁定装置。

航空地平仪根据摆和陀螺是否直接带动指示机构,可以分为直读式和远读式两种。由摆和陀螺直接带动指示机构的地平仪,称为直读地平仪;由摆和陀螺通过远距离传送装置间接带动指示器的地平仪,称为远读地平仪。

直读地平仪体积小,结构较简单,可靠性高,且精度较低。小型飞机都安装这种地平仪(如TB-20,Cheyenne IIIA 和 Y5 等);在大、中型飞机上则把它作为备用地平仪使用。远读地平仪精度高,但结构较复杂,体积较大,它是大、中型飞机的主用地平仪。

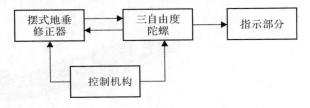

图 3-14 地平仪的基本组成

(2)地平仪的基本原理。飞机的俯仰角是飞机纵轴与地平面的夹角,即飞机绕横向水平轴转动的角度。俯仰角上仰为正,一般用 θ 表示。如图 3-15 所示,飞机的倾斜角是飞机对称面与通过飞机纵向所做的铅垂直之间的夹角,即飞机绕纵轴转动的角度。在飞机无俯仰时,也等于飞机横轴与地平面的夹角。倾斜角右倾斜为正,一般用 γ 表示,如图 3-16 所示。由此可知,测量飞机的俯仰角和倾斜角的关键是要在飞机上建立水平面或地垂线基准,并且还要使这个基准在飞机机动飞行时保持稳定。

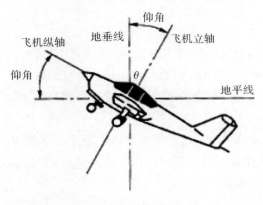

图 3-15 飞机的俯仰角

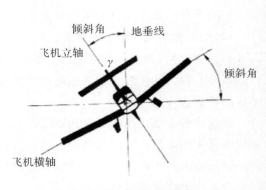

图 3-16 飞机的倾斜角

陀螺地平仪可以是气动的,也可以是电动的,但是仪表的工作原理是相同的。陀螺的自转轴保持在通过地心并与地球垂直的状态,有一个杆与自转轴成90°放置,用于代表当地的地平线。一个代表小飞机模型的符号固定在仪表壳上,该飞机模型代表着真实飞机的视角。在有些仪表上该飞机模型可以调整到与飞行员的眼睛同一高度,进行飞机俯仰姿态的调整。如图3-17所示是一个典型的陀螺地平仪指示器。

图 3-17　典型的陀螺地平仪指示器

(3)地平仪的安装及测量方法。由于三自由度陀螺内、外框轴与飞机纵、横轴关系不同,地平仪在飞机上有两种安装方法:一种是纵向安装,即外框轴平行于飞机纵轴;另一种为横向安装,即外框轴平行于飞机横轴。两种安装方法如图3-18所示。

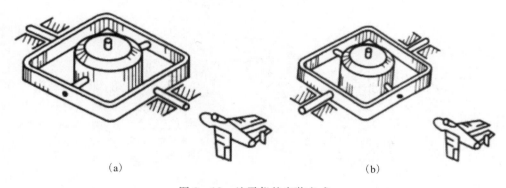

（a）　　　　　　　　　　　　　　　（b）

图 3-18　地平仪的安装方式

(a)纵向安装；　(b)横向安装

纵向安装地平仪的测量原理如图3-19所示。当飞机俯仰时,表壳和外框跟随机体一起转动,而内框绕内框轴保持稳定,外框绕内框轴转过的角度就等于飞机绕横向水平轴转动的角度,即飞机的俯仰角,因而内框轴成为仪表俯仰角的测量轴。当飞机倾斜时,表壳跟随机体一起转动,外框绕外框轴保持稳定,表壳绕外框轴转过的角度就等于飞机绕纵轴转动的角度,即飞机的倾斜角,因而外框轴成为仪表倾斜角的测量轴。

横向安装地平仪的测量原理如图3-20所示。当飞机俯仰时,表壳跟随机体一起转动,而外框绕外框轴保持稳定,表壳绕外框轴转过的角度就等于飞机绕横向水平轴转动的角度,即飞机的俯仰角,因而外框轴成为仪表俯仰的测量轴。当飞机倾斜时,表壳和外框轴跟随机体一起转动,而内框绕内框轴保持稳定,外框绕内框轴转过的角度就等于飞机绕纵轴转动的角度,即飞机的倾斜角,因而内框轴成为仪表倾斜角的测量轴。

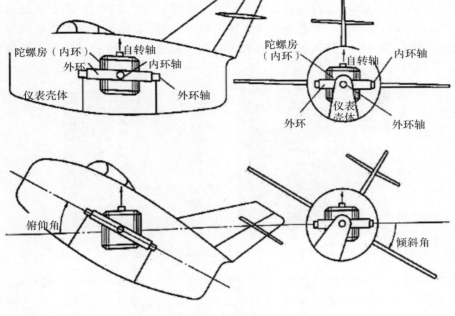

图 3 - 19 纵向安装地平仪的测量原理

(a)飞机俯仰; (b)飞机倾斜

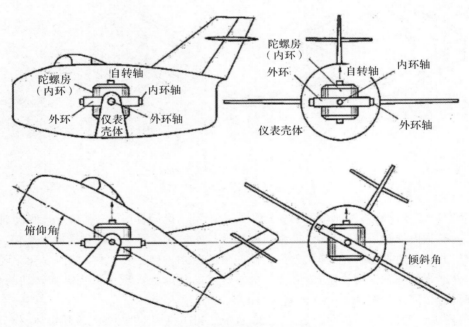

图 3 - 20 横向安装地平仪的测量原理

(a)飞机俯仰; (b)飞机倾斜

比较两种安装方式,从测量准确度来看,它们是不同的。飞机的俯仰角是绕飞机横向水平轴转动的角度,飞机的倾斜角是绕飞机纵轴转动的角度,即飞机俯仰角的定义轴是横向水平轴,倾斜角的定义轴是飞机纵轴。对于纵向安装的地平仪,无论在飞机俯仰的情况下测量倾斜,还是在飞机倾斜的情况下测量俯仰,仪表姿态角的测量轴均始终与飞机姿态角的定义轴重合,这样仪表所测量到的姿态角是准确的。对于横向安装的地平仪,当飞机俯仰时测量倾斜时,由于陀螺内框轴保持水平而不和飞机纵轴重合;当飞机倾斜时测量俯仰,由于陀螺外框轴随飞机倾斜而不能保持水平。因此,仪表姿态角的测量轴均与飞机姿态角的定义轴不重合,仪表出现了测量误差。可见,纵向安装的地平仪比横向安装的地平仪更准确。

从两种安装方式陀螺的稳定性来看,当飞机有较大的俯仰角时,纵向安装地平仪陀螺的外框轴与自转轴接近重合,将严重影响陀螺的稳定性;当飞机有较大的倾斜角时,横向安装地平仪陀螺的外框与自转轴接近重合,也将严重影响陀螺的稳定性。对于运输机来说,因为俯仰角和倾斜角都不大,所以对陀螺的稳定性不会造成太大影响。

综上所述,由于纵向安装地平仪的准确度更高,所以飞机大多采用这种安装方式。

3.地平仪的指示

地平仪指示机构的结构形式多种多样,但它们的指示原理则是大同小异。

(1)指示原理。如图 3 - 21 所示为指示机构的原理示意图。它由安装在陀螺上的人工地平线、倾斜指标和安装在表壳上的小飞机形指针(简称小飞机)、倾斜刻度盘等组成。

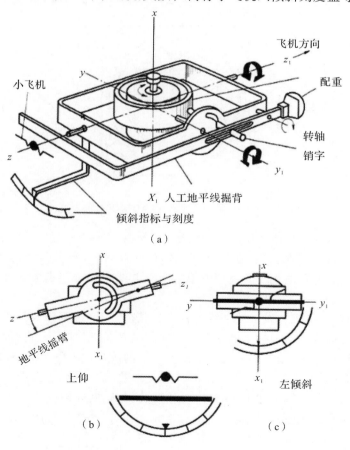

图 3 - 21　指示机构的原理示意图

(a)飞机平飞;　(b)飞机上仰;　(c)飞机左倾斜

1)指示俯仰。当飞机平飞时,地平仪上的小飞机与人工地平线重合,表示飞机平飞,如图3-21(a)所示。

当飞机由平飞转为上仰时,陀螺自转轴保持垂直,内框保持水平,表壳和外框绕内框轴向下转动,安装在外框上的人工地平线摇碧则由固定在内框上的销子拨动,再向下转动一个上仰角,人工地平线下降。这时,小飞机形象地上升到人工地平线上面,表示飞机上仰,如图3-21(b)所示。

同理,当飞机由平飞转为下俯时,人工地平线上升,小飞机下降到人工地平线下面,表示飞机下俯。

2)指示倾斜。当飞机由平飞转向左倾时,陀螺自转轴、内框、外框保持稳定,表壳绕外框轴左转一个倾斜角。这时,安装在表面上的小飞机和倾斜刻度盘相对安装在陀螺上的人工地平线和倾斜指标左转,表示飞机左倾斜,如图3-21(c)所示。

同理,当飞机由平飞转向右倾斜时,小飞机和倾斜刻度盘相对人工地平线和倾斜指标右倾斜,表示飞机右倾斜。

(2)指示认读及分类。地平仪的指示形式比较多,对它们的要求是形象、直观、认读方便。如图3-22所示为直读地平仪的表面。

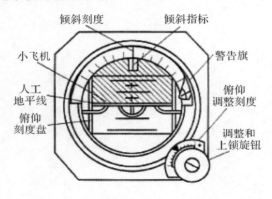

图3-22 两种直读地平仪的表面

如图3-22所示为一种地平仪的指示情况,它的指示原理与图3-21相同。俯仰刻度盘安装在陀螺上,它的中线即是人工地平线,每10°有一条刻线,每20°刻有角度数;上部涂成天蓝色,下部涂成褐色,形象地代表天空和大地。倾斜刻度盘安装在表面上部,每小格代表10°,每大格代表30°。

当飞机平飞时,小飞机和人工地平线重合。当飞机上升(或下降)时,人工地平线下降(或上升),小飞机在俯仰刻度盘上指示的度数代表飞机的俯仰角。当飞机向左(向右)倾斜时,人工地平线向右(或左)倾斜,倾斜指标在倾斜刻度盘上的读数代表飞机的倾斜角。

表面右下方有一个调整旋钮,转动旋钮,可以使小飞机上下移动±5°。这个旋钮还具有上锁功能,拉出旋钮,陀螺三轴互相垂直并锁定;松开旋钮,陀螺开锁。

当陀螺未通电或转速较低时,表面右上方会出现一个警告旗,如图3-22(a)所示。在这种情况下,驾驶员不能利用这只地平仪判读飞机姿态。

如图3-23所示为一种小型飞机地平仪的指示情况。它的特点是小飞机和刻度盘安装在陀螺上,人工地平线安装在表壳上。当飞机上升、下降时,小飞机相对人工地平线上升或下降,人工地平线在俯仰刻度盘上指示的读书代表飞机俯仰角。当飞机左、右倾斜时,小飞机对人工地平线左、右转动,小飞机翼尖在倾斜刻度盘上的读数代表飞机的倾斜角。

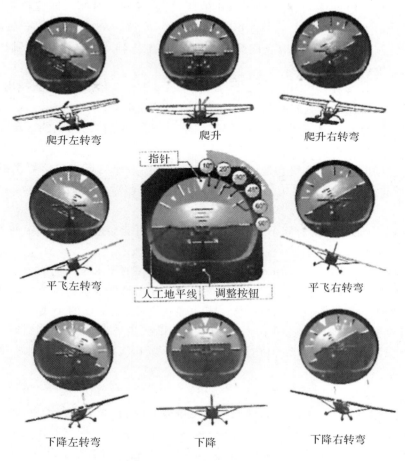

图 3 - 23　一种地平仪的指示

由上述的仪表典型指示形式可以看出,地平仪的指示分为两种类型:一种是"从飞机看地面"的指示形式,另一种是"从地面看飞机"的指示形式。

1)"从飞机看地面"的指示形式。飞行中,驾驶员看到的是人工地平线运动,小飞机不动,这与驾驶员从飞机上看到地面的情况是一样的。

2)"从地面看飞机"的指示形式。飞行中,驾驶员看到的是小飞机运动,人工地平线不动,前者真实性较好,应用广泛。

4.地平仪的使用特点

(1)地平仪地面启动。地平仪地面启动,就是要使地平仪通电后陀螺自转轴处于地垂线方向,并使转子转速达到额定转速。那么,怎样判断地平仪已经启动好了呢? 对于转速来说,应该按照飞机维修手册的要求保证启动时间。许多地平仪警告旗收起就表示转速已经符合工作要求,因此可以根据警告旗是否收起作为转速是否达到额定转速的依据。对于陀螺是否直立,可以根据地平仪是否已经指示飞机停机角来判读。

众所周知,陀螺电动机达到额定转速的时间是一定的。因此为了加快启动速度、缩短启动时间,应该设法使自转轴尽快转到地垂线方向,使地平仪指示停机角。

地平仪通电以前,陀螺处于自由状态,自转轴一般不在地垂线方向。通电以后,地垂修正器逐渐使自转轴转向地垂线方向,但由于修正速度较低,启动的时间可能比较长。例如,通电前若自转轴偏离地垂线 60°,通电后的修正时间就需要 20 min 左右。因此,在启动地平仪时,都要利用陀螺控制机构或上锁装置使陀螺快速直立,陀螺三轴互相垂直(自转轴接近地垂线方向),加快启动速度。

例如,H321 型地平仪,在通电 3 min 左右,警告旗收起后,应将锁定旋钮拉出,待小飞机和人工地平线重合后,轻轻松开锁定钮,直到地平仪指示停机角后,启动完毕。

对于 BDP-1 型地平仪,通电前应先上锁,通电 1~2 min 后再开锁,约 3 min 陀螺可达额定转速,待指示停机角后,启动完毕。

地平仪的启动时间还和飞机在地面的停机角有关,例如前三点式起落架飞机与地面几乎平行;后三点式起落架飞机的停机仰角则比较大。因此,前者启动时间较短,后者启动时间较长。

在启动过程中,如果启动时间不够或启动程序不对,可能会使地平仪稳定性不好或增加启动时间。

(2)地平仪在空中使用。不同的飞行状态,使用地平仪的要求是不同的。下面根据地平仪的结构特点,各种飞行状态下的误差规律,来说明正确使用地平仪的基本方法和注意事项。

1)平飞过程中使用地平仪。飞机保持一定的迎角平飞,地平仪的小飞机将与人工地平线不重合。这时应根据升降速度表的指示,在判定飞机确实是平飞后,再用调整旋钮把小飞机和地平线调整重合,以便保持平飞。但在做倾斜和俯仰之前,应将小飞机(或地平线)调回原位,否则会出现指示误差。

2)加、减速飞行过程中使用地平仪。当飞机加速或减速时,由于惯性力的作用,摆将偏离地垂线,并对陀螺施加修正力矩,使自转轴偏离地垂线。因此,地平仪会产生误差,称为纵向加速度误差。加速飞行时,陀螺自转轴上端向前移动,地平仪产生上仰误差;减速飞行时,陀螺自转轴上端向后移动,地平仪产生下俯误差。例如,飞机由起飞到加速上升的最初 1 min 内,地平仪产生 2.5°~13.5°的上仰误差。飞机做 90°转弯后,由于陀螺自转轴在空间的方向不变,故这一误差又可变为倾斜误差。

为了减小纵向度误差,有的地平仪安装了误差控制装置,它可以把误差减小到一定值,但仍然存在误差。因此,在飞机加速飞行时使用地平仪,应该及时利用升降速度表和转弯侧滑仪来检查地平仪的指示。

3)盘旋和转弯过程中使用地平仪。飞机盘旋或转弯时,由于惯性离心力的作用,摆将偏离地垂线,并对陀螺施加修正力矩,使自转轴偏离地垂线方向。因此,地平仪会产生误差,称为盘旋误差或向心加速度误差。这时,俯仰和倾斜指示都有误差。

对于安装了误差控制装置的地平仪,可以减小误差,但仍有误差。因此,在飞机改平飞后,应该利用升降速度表和转弯侧滑仪检查地平仪的指示。

4)出现误差后的修正方法。地平仪出现误差,待飞机匀速平飞时可以自行消除,但需要的时间较长。为了加速消除误差,飞行员应利用陀螺上锁机构,在飞机改平、匀速飞行时上锁,然后开锁,误差就会消除。

5)使用后的处置。使用完毕,断开电门。有上锁机构的,应立即上锁。有的地平仪(如

H321 型)在断电后,由于转速降低、稳定性降低,允许指示器打转,这时不能拉锁,以免损坏机件。

6)特殊情况下的处置。飞行中,升降速度表、空速表和高度表的指示,可以间接反映出飞机的俯仰角及其变化;转弯侧滑仪和陀螺磁罗盘的指示,可以间接反映出飞机的坡度及其变化,因此,应综合分析地平仪和这些仪表的指示。如果发现地平仪发生故障后,应根据升降速度表和空速表的指示了解飞机的俯仰情况;根据转弯侧滑仪和陀螺磁罗盘的指示了解飞机的倾斜情况。

3.2.2　转弯侧滑仪

转弯侧滑仪是由转弯仪和平衡指示器两个仪表装在一个仪表壳内组成的,这两个仪表的显示器使用同一个刻度盘来显示各自的信息。转弯仪利用陀螺原理显示转弯的速率和方向,平衡指示器用于显示飞机实施的是平衡转弯还是不平衡转弯(内侧滑或外侧滑)。如图 3-24所示是转弯平衡指示器的刻度盘。

图 3-24　转弯平衡指示器的刻度盘

1.转弯仪

转弯仪(Turn Indicator)是一种速度陀螺仪,它是用来指示飞机转弯(或盘旋)方向,并粗略反映转弯的快慢程度。此外,有的转弯仪还能用来指示飞机在某一真空速时无侧滑转弯的倾斜角或坡度。

(1)转弯仪的工作原理。转弯仪主要由二自由度陀螺、平衡弹簧、空气阻尼器和指示机构等组成,如图 3-25 所示。二自由度陀螺各轴在飞机上的安装位置是:当飞机没有转弯角速度、内框处于初始位置时,陀螺的自转轴与飞机横轴平行,自转角速度矢量指向左机翼;内框轴与飞机的纵轴平行,测量轴与飞机立轴平行。

1)指示转弯方向。转弯仪是利用二自由度陀螺进动性工作的。

当飞机直线飞行时,没有陀螺力矩的作用,内框在平衡弹簧作用下,稳定在初始位置,指针停在刻度盘的中央,表示飞机没有转弯。

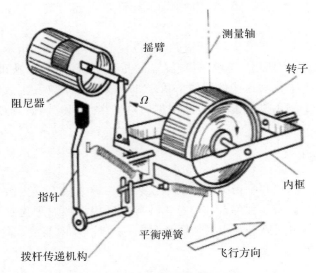

图 3 - 25　转弯仪的基本组成

　　当飞机向左转弯时,转弯角速度矢量朝上,因而产生指向机头的陀螺力矩。在此陀螺力矩的作用下,内框向右旋转,直到陀螺力矩与弹性力矩平衡时为止。内框的转角通过拨杆传送机构传给指针,使指针偏向左方,表示飞机正在向左转弯,如图 3 - 26 所示。转弯停止后,陀螺力矩消失,内框在平衡弹簧作用下回到初始位置,指针指在刻度盘的中央。

　　当飞机向右转弯时,转弯角速度矢量朝下,因而产生指向机尾的陀螺力矩。在该力矩作用下,内框向左旋转,带动指针向右偏离初始位置,表示飞机正在向右转弯。

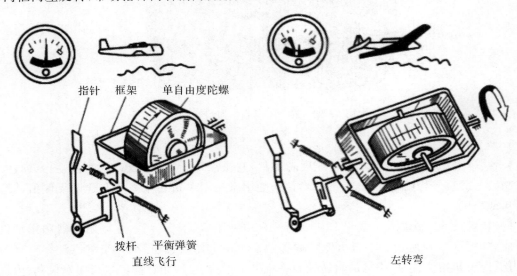

图 3 - 26　转弯仪的原理

　　2)指示转弯快慢。如果飞机以恒定的角速度转弯,引起陀螺进动的力矩是恒定的,内框转角和指针偏转角也一定。飞机转弯角速度越大,引起陀螺进动的力矩也越大,因此内框转角和指针的偏转角也越大。这样,转弯仪也就可以反映飞机转弯的快慢程度。

理论分析表明,飞机转弯时引起陀螺进动的力矩可以表示为

$$L = J\Omega\omega\cos(\gamma-\alpha) \tag{3.4}$$

式中,ω 为飞机转弯角速度;γ 为飞机倾斜角;α 为内框转角。陀螺内框转角不大时,式(3.4)可以近似为

$$L = J\Omega\omega\cos\gamma \tag{3.5}$$

平衡弹簧的力矩可以表示为

$$M = K\alpha \tag{3.6}$$

式中,K 为弹性力矩系数。

若指针稳定时,$M=L$,则有

$$\alpha = \frac{J\Omega}{K} = \omega\cos\gamma \tag{3.7}$$

式(3.7)说明,转弯仪的内框转角不仅与飞机转弯角速度有关,而且还和飞机倾斜角有关。在一般情况下,飞机倾斜角不是固定不变的,因此转弯仪只能粗略反映飞机转弯的快慢程度。

还有一种转弯仪,它的陀螺自转轴与飞机纵轴平行,内框轴与飞机横轴平行。由于这种转弯仪受飞机倾斜角影响更大,所以用得不多。

3)指示飞机无侧滑转弯时的倾斜角。有些转弯仪,除了能指示飞机的转弯方向以外,还能在一定条件下指示飞机的倾斜角。因此,这样的转弯仪还可以辅助地平仪指示飞机倾斜角。

转弯仪为什么能指示飞机倾斜角呢?与所有移动的物体一样,航空器需要一个侧向力的作用才能实现转弯。通常的转弯中,航空器通过压坡度将升力向内向上倾斜。如图 3 - 27 所示为飞机无侧滑转弯时的受力分析。升力可以分解为互相垂直的两个分量,与重力作用方向相反的向上的分量是升力的垂直分量,水平方向的升力分量作为向心力。升力的水平分量,正是使航空器转弯的侧向力。与升力水平分量大小相等、方向相反的力是惯性离心力。重力与合力的夹角,恰好等于飞机倾斜角。

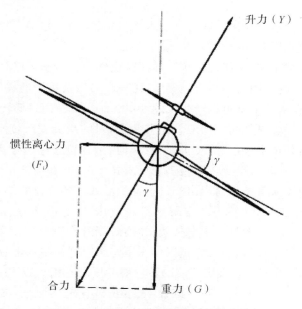

图 3 - 27　飞机无侧滑转弯时的受力分析

在跑步(或骑自行车)转弯时,通常有这样的体会:跑步(或骑自行车)的速度一定时,转弯越快,即转弯角速度越大,身体(或自行车)的倾斜程度也就越大。否则人(或自行车)的转弯半径将增大,不能按预定线路转弯。飞机在转弯时也是如此,为了不让飞机发生侧滑,在飞行速度一定的条件下,飞机的转弯角速度越大,倾斜角也越大。可见,在飞机速度一定的条件下,飞机无侧滑转弯时的倾斜角,取决于转弯角速度。这样,测量飞机的角速度,就可以表示飞机的倾斜角。

根据上述分析,飞机的倾斜角与惯性离心力 F_i、重力 G 相互关系为

$$\tan\gamma = \frac{F_i}{G} \tag{3.8}$$

其中,
$$F_i = mv\omega, G = mg$$

式中,m 为飞机的质量;v 为飞机的飞行速度;g 为重力加速度。

$$\tan\gamma = \frac{mv\omega}{mg} = \frac{v\omega}{g} \tag{3.9}$$

即

$$\omega = \frac{g}{v}\tan\gamma \tag{3.10}$$

根据内框转角公式,当陀螺内框转角不大时,内框转角与飞机倾斜角的关系可以近似为

$$\alpha = \frac{H}{K}w\cos\gamma = \frac{J\Omega}{K}w\cos\gamma \tag{3.11}$$

可得,内框转角与飞机倾斜角的近似关系为

$$\alpha = \frac{J\Omega g}{Kv}\sin\gamma \tag{3.12}$$

这就说明,当飞机的飞行速度(真空速)一定时,陀螺内框转角只取决于飞机无侧滑转弯时的倾斜角。飞机做无侧滑转弯时的倾斜角越大,内框和指针转角也越大;反之,倾斜角越小,内框和指针转角也越小。

4)转弯仪的结构和指示。转弯仪内有一个水平自转轴陀螺,陀螺安装在支架上,安装时使其转动平面和飞机的前—后轴(或滚轴)($X-X_1$)一致。

转弯仪使用的是速率陀螺,只能在横滚平面内自由转动。转子可以是电动的,并有电源失效警告旗,也可以是气动的。因为在平飞过程中,陀螺自转轴被可调的螺旋弹簧保持在水平位置,所以两种驱动方式在构造上都可以产生大约 9 000 r·min^{-1} 的较低转速。

弹簧连接在框架和仪表壳之间。框架上还有一个指针,指针在刻度盘上的运动指示出飞机的转弯速率。当陀螺处于水平位置(飞机在平飞)时,指针位于零刻度附近。有一个阻尼装置安装在框架上,以保证在转弯率变化时仪表的反应是平滑的,并保证在确定飞机的转弯率时指针没有振荡。阻尼装置通常是圆筒内由空气缓冲的活塞。转弯仪的结构如图 3-28 所示。

当飞机转弯时,陀螺进动,使转子和框架倾斜,直到陀螺的进动力与弹簧的张力相匹配。这时,进动终止,陀螺在整个转弯过程中保持倾斜,通过指针在刻度盘上的位置显示出飞机的实际转弯速率。当飞机停止转弯时,在弹簧的作用下陀螺回到初始水平位置。

如图 3-29 所示为 TB-20 等飞机安装的转弯侧滑仪。它用可以左右转动的飞机形指针来指示飞机转弯方向。若小飞机处于飞机位置,表示飞机直线飞行;小飞机左倾斜,表示飞机左转弯;小飞机右倾斜,表示飞机右转弯。小飞机的倾斜角越大,表示飞机的转弯角速度越大。

当小飞机翼尖指示左或右刻度线时,表示飞机以标准角速度 $3° \cdot s^{-1}$ 转弯,这时飞机转 $360°$ 需要 2 min,对于仪表飞行,这个参考速度是很有用的。表面右上部有一个红色警告标志,只有陀螺转速达到正常值,红色标志才会消失,转弯仪才能正常工作。

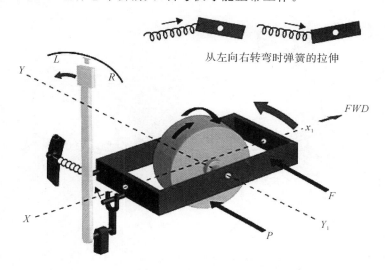

图 3 - 28　转弯仪的结构

图 3 - 29　转弯侧滑仪

2.侧滑仪

飞机在飞行中,空速矢量偏离纵向对称面而引起的侧向运动称为侧滑。空速矢量与对称面之间的夹角称为侧滑角。飞机产生侧滑运动的大小与侧滑角大小成正比。

侧滑有左侧滑和右侧滑,内侧滑和外侧滑之说。空速矢量偏向对称面的左侧,为左侧滑;偏向右侧为右侧滑。如按转弯方向来分,空速矢量偏向转弯内侧叫作内侧滑;偏向转弯外侧叫作外侧滑。

为了及时发现侧滑,飞机上安装有测量侧滑的仪表,称为侧滑仪(Slip Indicator)。

(1)基本结构。侧滑仪是用来指示飞机有无侧滑和侧滑方向的仪表,如图 3 - 30 所示。侧滑仪由小球、玻璃管和阻尼液等组成,小球是敏感元件,可以在弯曲的玻璃管中自由滚动,与单摆的摆锤类似,小球相当于摆锤,玻璃管的曲率半径相当于摆长。管内装有透明的阻尼液(如甲苯),对小球起阻尼作用。玻璃管的一端有很小的膨胀室,以便阻尼液因温度升高,容积增大时占用。常与转弯仪配合,供驾驶员操纵飞机协调转弯。

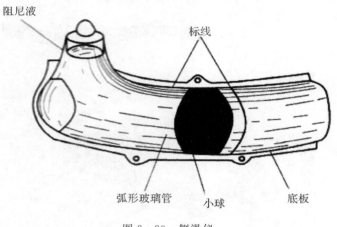

图 3-30　侧滑仪

(2)工作原理。飞机在原来没有横向运动的情况下,只要在转弯时保持沿横轴方向的合力为零,就不会发生横向运动,即不会发生侧滑。

飞机做无侧滑转弯时,沿横轴方向的作用力有惯性离心力在横轴方向的分力 F_{1x} 和重力在横轴方向上的分力 G_{1x},这两个分力的方向是相反的,如图 3-31 所示。因此,只要这两个分力大小相等,其合力便基本上等于零(忽略方向舵偏转后产生的空气动力、螺旋桨扭转气流作用力等),飞机不会侧滑;反之,若这两个分力大小不等,其横向合力不等于零,飞机就会发生侧滑。因此,测量飞机转弯时的横向合力,便可知道飞机的侧滑情况。

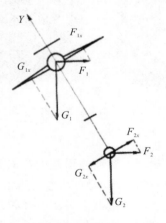

图 3-31　测量飞机侧滑原理

直接测量飞机飞行时的受力状况是比较困难的。如果在飞机上悬挂一个单摆,在飞行时,摆锤可以模拟飞机的受力状况,摆锤的位移就反映了飞机的侧滑。侧滑仪就是利用单摆模拟飞机承受的横向合力,根据摆锤在横向合力作用下的运动状态指示飞机的侧滑。下面具体分析飞机飞行时,侧滑仪的工作情况。

1)直线飞行。当飞机平直飞行时,侧滑仪的小球受重力 G 作用,停在玻璃管中央的两条标线中间。飞机带坡度产生侧滑时,重力 G 使小球偏离中央,飞机左侧滑,小球偏向左边;飞机右侧滑,小球偏向右边。侧滑仪指示如图 3-32 所示。

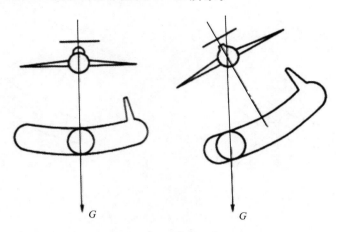

图 3-32　侧滑仪指示
(a)无侧滑；　(b)左侧滑

2)转弯飞行。当飞机以角速度 ω 做无侧滑转弯时,飞机的立轴相对于地垂线倾斜了 γ 角,此时,作用在飞机上的横向合力为零,飞机没有侧滑。由于侧滑仪的玻璃管也跟着飞机倾斜了 γ 角,作用在小球上的横向合力(沿玻璃管的切线方向)也等于零,即 $F_x - G_x = 0$ 或 $F_x = G_x$,故小球处在玻璃管中央,如图 3-33 所示为飞机无侧滑转弯。

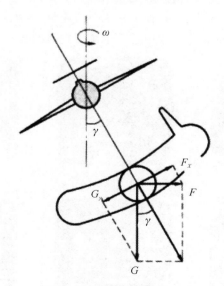

图 3-33　飞机无侧滑转弯

若飞机在转弯时的倾角过小或转弯角速度过大,则在横向合力作用下,飞机要发生外侧滑。此时,作用在小球上的横向合力大于零,即 $F_x > G_x$ 或 $F\cos\gamma > G\sin\gamma$,小球在横向合力作用下偏离玻璃管中央向右(外)侧运动。由于玻璃管是弯曲的,因此随着小球向右(外)运动,作

用在小球上的力 F_X 和 G_X 都会改变，F_X 不断减小，G_X 不断增大。当这两个分力相等时，小球停止运动，如图 3-34 所示。

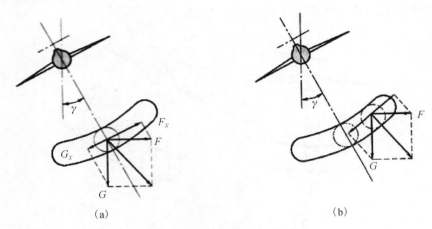

图 3-34 外侧滑时侧滑仪指示

(a) $F_X > G_X$ ，小球向右（外）运动； (b)小球停在右（外）侧

反之，若飞机发生内侧滑，作用在小球上的横向合力小于零，即 $F_X < G_X$，使小球偏离玻璃管中央而向左（内）侧运动。若飞机横向合力越大，侧滑越严重；小球横向力越大，则偏离中央位置越远。因此，小球偏离中央位置的方向和距离，可以表示飞机侧滑的方向和严重程度。

综上所述，飞机在转弯时，若横向合力等于零，小球便停在玻璃管中央，则表示无侧滑；若横向合力大于零，小球便偏向玻璃管外侧，则表示外侧滑；若横向力小于零，小球偏向玻璃管内侧，则表示内侧滑。横向合力越大，小球偏离中央位置越远，表示侧滑越严重。

图 3-35 是在不同类型的转弯过程中转弯平衡器的典型显示情况。

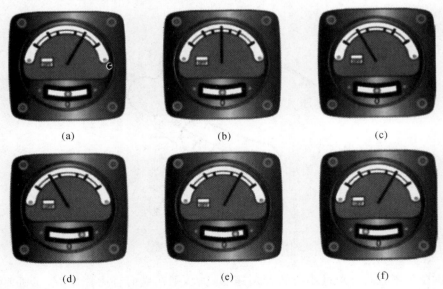

图 3-35 转弯过程中转弯平衡指示器的典型显示

(a)右转弯无侧滑； (b)无转弯； (c)左转弯无侧滑； (d)左转弯外侧滑； (e)右转弯内侧滑； (f)右转弯外侧滑

3.2.3　模拟机训练：ISIS 系统基础操作训练

1．操作相关信息

(1)操作依据：ASM34 - 22 - 00 STANDBY NAVIGATION SYSTEMS。

(2)飞机有效号：140。

2．初始条件

冷机状态。

3．操作步骤

(1)图 3 - 36 为备用姿态仪表 ISIS(INTEGRATED STANDBY INSTRUMENT SYSTEM)。

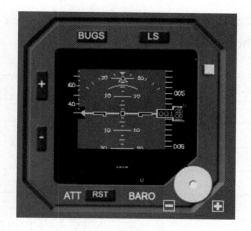

图 3 - 36　备用姿态仪表 ISIS

在驾驶舱中找到备用姿态仪表 ISIS,该组件的位置是

□遮光板　　　　　□头顶板　　　　　□中央操纵台　　　　　□仪表面板

(2)观察 ISIS 的显示情况,当前 ISIS 的显示状态为

□黑屏状态　　　　□显示故障旗　　　□正常显示

(3)在驾驶舱头顶板上找到电源控制面板 35VU,接通飞机电瓶,左右电瓶的电压分别是 _____ 和 _____。

(4)观察 ISIS 的显示情况,当前 ISIS 的显示状态为

□黑屏状态　　　　□显示故障旗　　　□正常显示

(5)启动 APU。

(6)待 APU 启动完毕后,观察 ISIS 的显示状态为

□黑屏状态　　　　□显示故障旗　　　□正常显示

(7)在 ASM 手册 34 - 22 - 00 部分,找到适合本构型的 ISIS 系统原理图,该原理图的

图号及名称为 _____

_____。

从原理图上可得知,ISIS 的电源来自于 _____汇流条和

_____汇流条。

(8)在头顶面板上将惯性基准系统 1 的"OFF-NAV-ATT"电门置于 NAV 位,点击模拟机控制界面的快速校准按钮◉,完成表 3-1。

表 3-1　显示状态记录表 1

	机长 PFD	副驾驶 PFD	ISIS
显示状态			
空速			
高度			
俯仰角			

(9)在头顶面板将惯性基准系统 2 的"OFF-NAV-ATT"电门置于 NAV 位,点击模拟机控制界面的快速校准按钮◉,完成表 3-2。

表 3-2　显示状态记录表 2

	机长 PFD	副驾驶 PFD	ISIS
显示状态			
空速			
高度			
俯仰角			

(10)在头顶面板将惯性基准系统 3 的"OFF-NAV-ATT"电门置于 NAV 位,点击模拟机控制界面的快速校准按钮◉,完成表 3-3。

表 3-3　显示状态记录表 3

	机长 PFD	副驾驶 PFD	ISIS
显示状态			
空速			
高度			
俯仰角			

(11)总结步骤(7)~(9)中的操作和显示状态的变化,回答下列问题:

1)机长 PFD 的空速、高度、姿态数据源正常情况下来自于＿＿＿＿＿＿＿＿＿＿＿＿

2)副驾驶 PFD 的空速、高度、姿态数据源正常情况下来自于＿＿＿＿＿＿＿＿＿＿

3)ISIS 中空速、高度、姿态数据源正常情况下来自于＿＿＿＿＿＿＿＿＿＿＿

(12)在 ASM 手册 34-22-00 部分查找本构型的系统原理图,完成以下问题:

1)包含 ISIS 系统信号传输信息的原理图的编号及名称是＿＿＿＿＿＿＿＿＿＿＿

＿＿＿＿＿＿＿＿＿＿＿＿＿＿＿＿＿＿＿＿＿＿＿＿＿＿＿＿＿＿＿＿＿＿＿,

该原理图是否适合 353 构型的飞机:　　　　　□是　　　　□否

该原理图是否适合 737 构型的飞机：　　□是　　　　□否

2）向 ISIS 提供信号的组件包括 _____

_____

3）向 ISIS 提供姿态数据和大气数据的组件包括 _____

_____

4）ISIS 组件的功能号是 _____

（13）找到适合本构型的 ISIS 的件号

_____

1）该件号是否适合 217 构型的飞机：　　□是　　　　□否

2）该件号是否适合 438 构型的飞机：　　□是　　　　□否

3.3　航　向　仪　表

3.3.1　航向与航线

1. 航向

简单来说，飞机的航向是指飞机的机头方向。航向角的大小用飞机纵轴的水平投影线（称航向角的定位线）与地平面上某基准线之间的夹角来度量，同时规定正航向角是以经线北端为起点顺时针量至定位线来计算的。如图 3-37 所示为飞机航向表示法，表示正航向角 40°，负航向角为 320°。

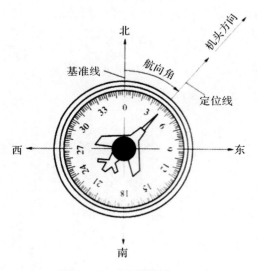

图 3-37　飞机航向表示法

根据所取经线不同，航向分为真航向、磁航向、罗航向、陀螺航向和大圆航向。测量航向的仪表种类很多，如指南针、磁罗盘、陀螺半罗盘和陀螺磁罗盘等。

（1）真航向。真子午线（即地理经线）与飞机纵轴在水平面上的投影线的夹角称为真航向角，如图 3-38（a）所示。真航向的 0°、90°、180°和 270°就是正北、正东、正南和正西方向。

(2)磁航向。磁子午线(即地球磁经线)与飞机纵轴在水平面上的投影线的夹角称为磁航向角,如图 3-38(b)所示。因为磁经线与真经线相差一个磁差,所以磁航向与真航向的换向关系为:

$$真航向＝磁航向＋(±磁差)$$

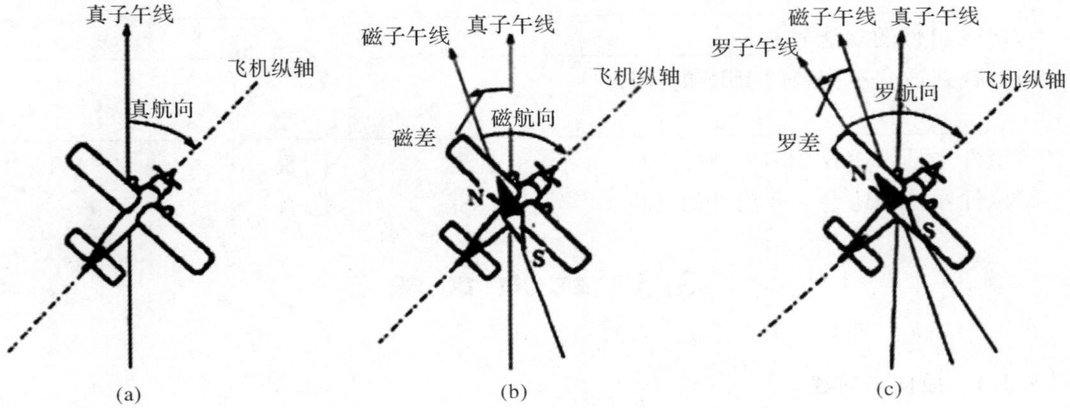

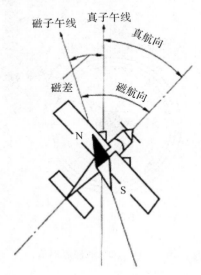

图 3-38 各种航向

(a)真航向;(b)磁航向;(c)罗航向

规定磁子午线北端在真子午线北端东侧,磁差为正,在西侧为负。地球磁差随时间、地点不同而异,通常各地的磁差值在一年之内变化不超过 10′。由于所有导航设备和跑道方向及航图上的信息都是以磁航向为基准的,因此,磁北基准必须每隔几年更新一次。

当磁差为负值时,真航向与磁航向的关系如图 3-39 所示。

图 3-39 真航向与磁航向的关系

(3)罗航向。飞机上的钢铁物质和工作着的用电设备所形成的磁场叫作飞机磁场。将磁罗盘装上飞机后,其传感器不仅能感受到地球磁场,也能感受到飞机磁场。每架飞机的磁场是不同的。如图 3 - 40(a)所示的飞机磁场方向指向飞机右前下方。用磁罗盘传感器测得的航向基准线实际上是地球磁场与飞机磁场两者形成的合成磁场水平分量方向,称为罗子午线或罗经线,如图 3 - 40(b) 所示。

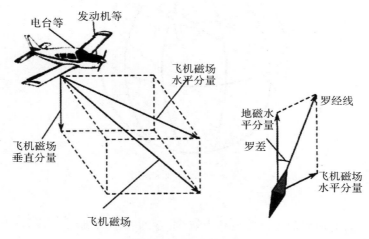

图 3 - 40　飞机磁场与罗差

罗经线与磁经线之间的夹角叫罗差。罗经线北端偏在磁经线北端以东,罗差为正;偏在罗经线北端以西,罗差为负。罗经线与飞机纵轴在水平面上的投影线的夹角称为罗航向角,如图 3 - 41 所示为罗航向。罗航向与磁航向的换算关系为

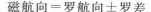

磁航向＝罗航向±罗差

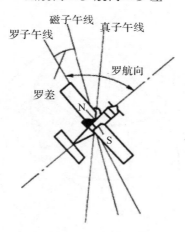

图 3 - 41　罗航向

　　(4)陀螺航向。利用三自由度陀螺在惯性空间具有的定轴性,可制成陀螺罗盘,将陀螺自转轴置于水平立置,作为航向基准线。它所指示的航向称为陀螺航向。把它的刻度盘 0°线置于磁子午线上,所指航向称为陀螺磁航向;若把 0°线置于真子午线上,所指航向称为陀螺真航向。
　　(5)大圆航向。由于地球是一个球体,它的任何截面球面的交线都是一个圆圈。其中以通过地心的截面与地球表面相交的圆圈为最大,叫作大圆圈。飞机沿大圆圈线飞行的航向称为大圆航向,如图 3 - 42 所示。

图 3-42   大圆航向

2.航线

飞机在空中飞行时所用的飞行路线称为航线。飞机从一个地方飞往另一个地方,通常选择下列两种航线。

(1)大圆航线。一个球体上的大圆圈,其半径比其他圆圈都要大,而曲率则最小。因此,地球表面上任意两点之间的距离,以大圆圈线为最短,即航程最近。飞机沿大圆圈线飞行的航线称为大圆航线。

(2)等角航线。在地球表面上,与各子午线相交的角度都相等的曲线叫作等角线。飞机在无风条件下飞行,如保持真航向始终不变,则该飞机的飞行路线是一条等角线。飞机沿等角线飞行的航线称为等角航线,如图 3-43 所示。

图 3-43   等角航线

3.3.2   磁罗盘

磁罗盘(Magnetic Compass)用来测量飞机的罗航向。由于经过罗差修正后,剩余罗差并不大,因此有的文献称其为测量磁航向。如图 3-44 所示为一种磁罗盘表面。

图 3 - 44　磁罗盘表面

1. 地球磁场

地球磁场(The Earth Magnetic Field)是地球周围空间分布的磁场。它的磁南极大致指向地理北极附近,磁北极大致指向地理南极附近。磁力线分布特点是赤道附近磁场的方向是水平的,两极附近则与地表垂直。赤道处磁场最弱,两极最强。地球表面的磁场受到各种因素的影响而随时间发生变化。

将一根磁针悬挂起来,使悬挂点通过磁铁重心,则可以发现磁针不能保持水平。在北半球,磁针 N 极下倾,在南半球,磁针 S 极下倾,磁针倾斜的原因是地磁强度的方向不与水平面平行。地磁强度(H_T)与水平面的夹角叫作磁倾角 θ,越靠近地磁极,磁倾角越大。地磁强度在水平面内的分量为地磁水平分量(H_N),它所在的线称为磁子午线,磁针在地磁水平分量的作用下指出磁子午线的方向。如图 3 - 45 所示为地球磁场与磁倾角。

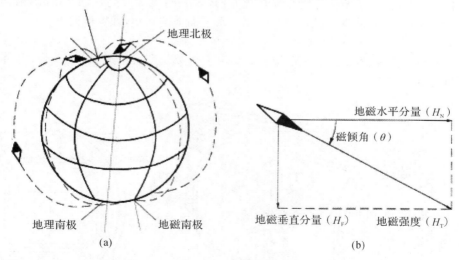

图 3 - 45　地球磁场与磁倾角
(a)地球磁场；　(b)磁倾角

2. 基本原理

磁罗盘根据指南针原理制成的,用以指示方位的仪器,又称磁罗经。主要由若干平行排列的磁针、刻度盘和磁误差校正装置组成,磁针固装在刻度盘背面,在地磁影响下,磁针带刻度盘转动,用以指出方向。常在船舶和飞机上作导航用。如图 3 - 46 所示,磁条是磁罗盘的敏感元件,它可以在水平面内自由旋转。在磁条上固定着环形刻度盘,刻度盘 0°～ 180°刻度线与磁条方向一致。航向标线固定在表壳上,代表飞机纵轴。

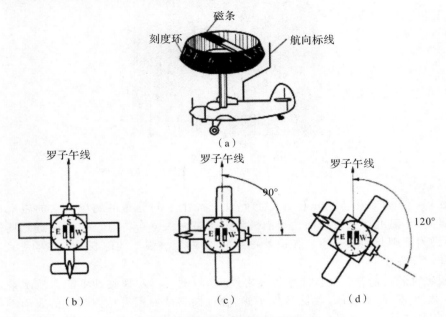

图 3 - 46 磁罗盘的基本原理

(a)磁罗盘; (b)罗航向=0°; (c)罗航向=90°; (d)罗航向=120°

飞机航向改变后,磁条始终稳定在罗经线方向,表壳随飞机一起转动。因此,航向标线在刻度盘上所指的角度,就是飞机纵轴与罗经线在水平面上的夹角,即罗航向。

3. 基本结构

磁罗盘主要由罗牌、罗盘油、外壳、航向标线和罗差修正器等组成,如图 3 - 47 所示为磁罗盘的结构和表面。

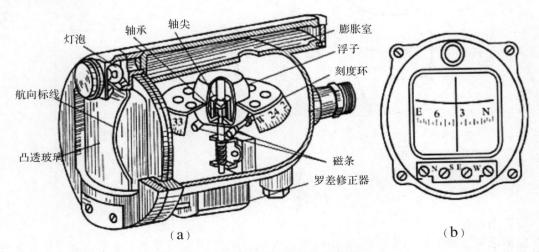

图 3 - 47 磁罗盘的结构和表明

(a)磁罗盘的结构; (b)磁罗盘的表明

　　罗盘的敏感部分是罗牌,它由磁条、轴尖、浮子和刻度环等组成。浮子是密封的,内部有空气,下面平行地固定着两根磁极强度相等的磁条。罗牌是由带减震装置的轴碗支撑着,能自由转动并保证 0°～180°刻度线始终与罗经线方向一致。为了减小磁倾的影响,使敏感部分保持水平,罗牌的重心通常偏在支点的南面(在北半球飞行时,可以抵消磁倾的作用),并且还偏在支点的下面。

　　为了增加罗牌的运动阻尼和减少罗牌对轴承的压力,通常在罗牌的活动空间(即表壳内腔)装满罗盘油,它是一种纯净透明的液体。

　　罗差修正器用来抵消飞机磁场的影响,从而减小罗差。

　　罗差校正由机务人员按规定的时间进行,其他人员不能随意转动罗差修正旋柄。

　　4.磁罗盘的误差

　　磁罗盘具有罗差和飞行误差。

　　(1)罗差。磁罗盘为了便于使用,一般安装在驾驶舱风挡玻璃的上部,而驾驶舱则是飞机用电设备高度集中的地方。由于电流磁场和飞机其他钢铁物质磁场的影响,罗差较大,因此磁罗盘需要定期校正。校准罗盘后制成剩余罗差修正量曲线,放在驾驶舱,供计算磁航向用,如果 3-48 所示,图中横坐标为罗航向,纵坐标为剩余罗差。磁航向与罗航向、剩余罗差的关系为

磁航向＝罗航向＋剩余罗差

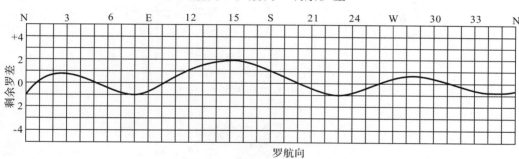

图 3-48　剩余罗差修正量曲线表

　　(2)飞行误差。飞机在平飞时,飞机磁场和地球磁场的垂直分量对磁罗盘的影响较小。当飞机在俯仰、倾斜、盘旋、加速或减速时,飞机磁场和地球磁场的垂直分量将对磁罗盘影响较大,使指示出现误差。这些误差统称为飞行误差。

　　1)俯仰、倾斜误差。当飞机俯仰、倾斜时,飞机磁场垂直分量引起的误差叫俯仰、倾斜误差。

　　飞机俯仰或倾斜时,罗牌旋转平面仍保持水平,而飞机钢铁磁场的垂直分量 R 则随飞机一起俯仰或倾斜,如图 3-49 所示。飞机硬铁磁场的垂直分量 R 在罗牌的旋转平面上产生一个分量 R_1,如果该分量的方向与地磁水平分量的方向不一致,二者的合成磁场将偏离磁经线,使罗盘产生误差,称作俯仰、倾斜误差。当飞机改平后,误差自行消失。

　　飞机为了减小飞机磁场对罗盘的影响,通常在可能的情况下,将罗盘或磁传感器放在飞机钢铁磁场较弱的地方,如机翼尖等。

　　2)加速度误差。加速度误差也称惯性误差,当飞机作加速飞行时,由惯性力、地磁垂直分量和飞机磁场垂直分量引起的一种误差,如图 3-50 所示。

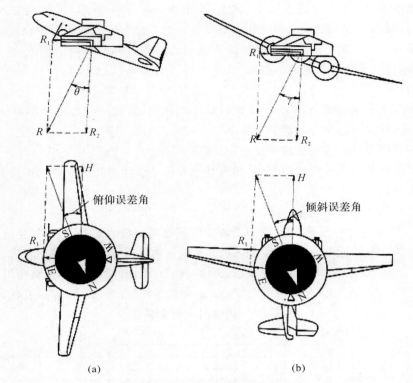

图 3-49 磁罗盘的俯仰、倾斜误差

(a)俯仰误差； (b)倾斜误差

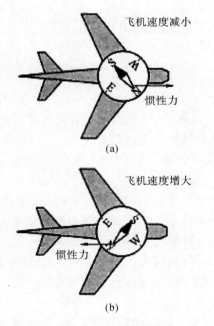

图 3-50 加速度误差的产生

(a)飞机速度减小； (b)飞机速度增大

由于磁罗盘罗牌的重心不可能绝对在它的支撑点上。只要重心有所偏离,当飞机加速时罗牌发生偏转或倾斜。变化着的加速度,会使罗牌摇摆不停,特别在飞机摆动或颠簸中,罗牌摆动会更厉害。飞机在东西磁航向上加速度误差最大,在南北磁航向上加速度误差最小。为了避免加速度误差,应在飞机匀速飞行时判读航向。

3)涡动误差。飞机在转弯时,罗盘壳体随飞机转动,罗盘在油的阻尼力矩作用下发生偏转。由此引起的误差称为涡动误差。当飞机已经停止转动时,由于罗盘油的惯性作用仍使罗牌继续转动一段时间,使指示出现误差,误差最大可达数十度。

为了避免涡动误差,应在飞机改为平直飞行15~20 s,待罗牌稳定后判读航向。

4)转弯误差。飞机转弯时,作用于罗牌重心上的惯性离心力和重力的合力将使罗牌与飞机同方向倾斜,如图 3-51 所示。罗牌倾斜后,地磁垂直分量在罗牌平面上便有一个分量,如果该分量与地磁水平分量的方向不一致,两者的合成磁场会引起罗牌偏转,产生误差,这种误差称为转弯误差。

转弯误差的大小与飞行航向有关。也就是说,转弯误差与罗牌倾斜的方向有关。飞行人员根据磁罗盘操纵飞机转向预定航向时,必须考虑转弯误差,即根据磁罗盘的指示,提前或延迟改出转弯。在北半球飞行,不考虑飞机惯性,转弯后航向在 0°~90°~270°范围内时,应提前改出转弯;在 90°~180°~270°范围内时,应延迟改出转弯。

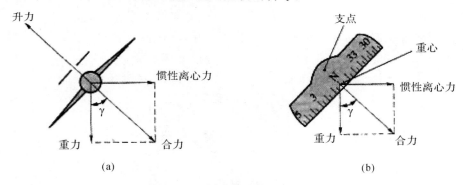

图 3-51　敏感部分随飞机倾斜
(a)飞机转弯时的受力影响;(b)罗牌感应器受力情况

5.使用特点

(1)磁罗盘一般是在飞机主用罗盘失效后使用。

(2)为了避免飞行误差,应在匀速平飞时判读航向,如果罗牌摆动,读数应取平均值。若在转弯时使用,应注意修正转弯误差。

(3)在磁矿区,磁罗盘误差很大。增加飞行高度,可减小误差。

(4)在两极地区飞行时,由于地磁水平分量小,磁罗盘不能准确指示航向。

(5)若要利用磁航向进行领航计算,应该修正剩余罗差。

3.3.3　陀螺磁罗盘

磁罗盘能够独立测量飞机航向,但稳定性差。陀螺半罗盘稳定性好,但不能独立测量飞机航向。于是人们把这两种罗盘相结合起来,发挥各自的优点,克服各自的缺点,就制成了一种既能独立测量航向,又具有良好稳定性和较高灵敏度的航向仪表——陀螺磁罗盘(Gyro Magnetic Compass)。它能够测量飞机的磁航向,也能测量转弯角度。

通常,陀螺磁罗盘在近现代飞机上作为罗盘系统的一个组成部分。所谓罗盘系统是指由两种或两种以上不同原理的罗盘组成的系统,也称为航向系统。在罗盘系统中仅由磁传感器来校正航向的那部分系统也叫作陀螺磁罗盘。

1. 组成及分类

陀螺磁罗盘的结构形式多种多样,但从基本结构来讲,它由磁传感器、放大器、陀螺机构(又称为方位陀螺)和指示器四部分组成,如图 3-52 所示。

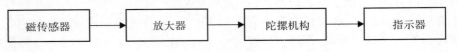

图 3-52　陀螺磁罗盘的组成结构图

磁传感器感受地磁场的作用,可以测量飞机的磁航向,并输出航向信号去控制陀螺机构中的航向基准位置,使指示器支出飞机的磁航向。磁传感器有两种,一种是磁条式,另一种是感应式。磁传感器一般安装在飞机翼尖等飞机磁场较小的地方,经罗差修正后,剩余罗差不大。

放大器用来放大陀螺磁罗盘中的电信号。

陀螺机构用来稳定磁传感器测出的磁航向信号。陀螺机构相当于一个陀螺半罗盘,它受数传感器控制,同时磁传感器又通过它输出稳定的磁航向信号使指示器指示。

指示器用来指示磁航向和转弯角度。现代飞机都采用综合指示器,不仅能指示磁航向,还可以指示无线电方位角等。如图 3-53 所示为几种指示器表面。

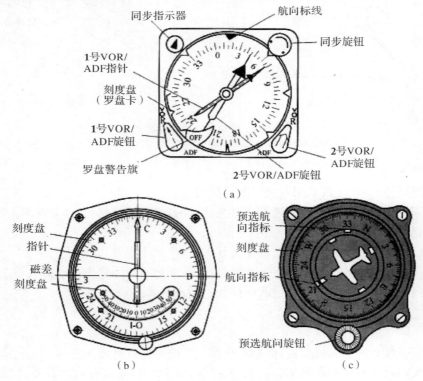

图 3-53　几种指示器表面

(a)无线电磁指示器;　(b)带磁差修正的指示器;　(c)带预选航向的指示器

根据磁传感器的不同,陀螺磁罗盘可分为磁条式陀螺磁罗盘和感应式陀螺磁罗盘两类。磁条式陀螺磁罗盘由于灵敏度较低,精度不高已很少使用。感应式陀螺磁罗盘灵敏度高,准确度高,广泛使用在多种飞机上。

根据陀螺磁罗盘工作电路的形式,可以分为电子式和机电式两种。

2.使用特点

(1)地面启动。接通陀螺磁罗盘电源 3～5 min 后(根据飞行手册确定),罗盘正常工作,指示磁航向。若尚未指示当时磁航向,可根据同步指示器指示,转动同步旋钮,或按下快协按钮,加快协调速度,直到指示当时磁航向。

(2)空中启用。在飞行过程中,陀螺磁罗盘应能指示飞机磁航向和转弯角度。在转弯、盘旋、俯仰、倾斜、加速、减速时,陀螺磁罗盘有少量误差,待飞机匀速平飞后,可转动同步旋钮(或按下快协按钮),快速消除误差。在上述机动飞行过程中,禁止采用快速协调,否则磁传感器的各种飞行误差会迅速传给指示器。

(3)特殊情况下的处置。飞行中,应综合分析陀螺磁罗盘、磁罗盘和转弯侧滑仪、地平仪的指示。如果其他几种表都表明航向有了变化,而陀螺磁罗盘没有相应的指示,说明陀螺磁罗盘可能发生了故障。这时应保持一段时间平飞,再进行快速协调,若指示仍不正常,则可判断仪表发生了故障。陀螺磁罗盘发生故障后,可以利用磁罗盘、陀螺半罗盘了解航向,还可以参看地平仪和转弯侧滑仪的指示了解航向的变化。

3.4　激　光　陀　螺

激光陀螺(Laser Gyroscope)是一种应用激光技术测量物体相对惯性空间角速度和转动角度的新型陀螺仪。

(1)工作原理。在闭合光路中,由同一光源发出的沿顺时针方向和反时针方向传输的两束光发生干涉,利用检测相位差或干涉条纹的变化,可以测出闭合光路旋转角速度。激光陀螺仪的基本元件是环形激光器。

(2)组成结构。组成激光陀螺的基本元器件有氦氖激光器(或半导体激光器)、全反射镜和半透半反射镜。

激光陀螺没有旋转的转子部件,没有角动量,也不需要方向环框架,框架伺服机构,旋转轴承,导电环及力矩器和角度传感器等活动部件,结构简单,工作寿命长,维修方便,可靠性高,2014 年激光陀螺的平均无故障工作时间已达到九万小时以上。

激光陀螺没有活动部件,不存在质量不平衡问题,因此对载体的震动及冲击加速度都不敏感,对重力加速度的敏感度也可忽略不计,因而无须不平衡补偿系统,输出信号没有交叉耦合项,精度高,偏值小于 $0.001° \cdot h^{-1}$,随机漂移小于 $0.001° \cdot h^{-1}$,长期精度稳定性好,在 9 年内输出没有任何变化,重复性极好。

激光陀螺没有精密零件,组成陀螺的零件品种和数量少,机械加工较少,易于批量生产和自动化生产,成本是常规陀螺的 1/3 左右。

3 个激光陀螺和 3 个加速度计可组成一套惯性导航系统。物体运动时根据不同激光束的变化,就能精确感知物体空间坐标。用它给武器平台导航,能让战机突防能力更强、舰船跑得更远、导弹打得更准。在没有卫星导航的情况下,同样能精确打击目标。激光陀螺集光、机、电、算等尖端科技于一身。

（3）主要特点。激光陀螺，没有机械转动部件的摩擦引起的误差，角位移测量精度高，被测角速度范围大。需采用膨胀系数低的材料，需采用热补偿措施。

激光陀螺的动态范围很宽，测得速率为 $\pm 1\ 500° \cdot h^{-1}$，最小敏感角速度小于 $\pm 0.001° \cdot h^{-1}$ 以下，分辨率为/弧度秒数量级，用固有的数字增量输出载体的角度和角速度信息，无须精密的模数转换器，很容易转换成数字形式，方便与计算机接口，适合捷联式系统使用。

激光陀螺的工作温度范围很宽（从 $-55℃ \sim +95℃$），无须加温，启动过程时间短，系统反应时间快，接通电源零点几秒就可以投入正常工作。达到 $0.5° \cdot h^{-1}$ 的精度，只需 50 ms 时间，对武器系统的制导来说，是十分宝贵的。

（4）应用领域。激光陀螺集光、机电、算等尖端科技于一身，广泛覆盖陆海空天多个领域。激光陀螺是衡量一个国家光学技术发展水平的重要标志之一。在航海方面，作为导航仪器，激光陀螺导航系统是当今美国海军水面舰船和潜艇的标准设备。此外，在 2014 年，大多数发达国家的军用和民用飞机也都采用了激光陀螺惯导系统。

3.5　惯性基准系统

惯性基准系统（IRS），是指一种由惯性器件组成的既能提供运载体的真航向和姿态角基准，又能提供导航数据的系统。它从惯性导航系统的基础上发展起来，利用同一组惯性器件，除了不断算出飞机位置外，还能通过解算地球旋转角速矢量而得到真航向，算出当地重力矢量而得到姿态（俯仰和倾斜）角。IRS 通过检测飞机相对于三个轴的偏移以提供以下信息。

（1）主要姿态。

（2）真航向和磁航向。

（3）垂直（升降）速度。

（4）飞机相对于地球的位置。

（5）加速度和角速度。

（6）风向/风速。

（7）地速。

3.5.1　惯性基准系统组成

每个惯性基准系统（IRS）包含三个激光陀螺、三个加速度计、电源、一个微处理器、内置测试设备（BITE）和输出电路。飞机上通常装有三个完全独立的惯性基准系统（IRS），每套 IRS 都从中央大气数据计算机（CADC）接收气压高度、升降率和真空速的数据，再结合 IRS 的陀螺和加速度计的数据，就可以确定飞机的升降速度，并计算风的参数。

3.5.2　惯性基准系统的校准

惯性基准系统（IRS）或环形激光陀螺（RLG）惯性导航系统（INS）尽管装配时已通过螺栓固定在机体上，但仍需要按照地球基准来进行校准。不同于稳定平台中的水平校准和方位校准的是，高速而灵活的数字计算机可以对转换算法进行计算和编辑。转换算法是一种使三个一组的 RLG 和加速度计与水平和真北方向对准的数学算法。整个校准过程只需不到 10 min，结束时给每个 RLG 和加速度计的输出都确定了一个偏移量,从而确定了当前水平面和真北方向的基准。最初计算的偏移量适用于当前时间、地点与机头方向。地球在运动,如果飞机也运动的话,那么至关重要的基准就必须保证正确。这可以通过一直保持导航方式接通来保证。三维运动的复杂性(即俯仰、横滚和偏航的相互作用)则需要对大量的数学和三角变换进行快速运算分析。

此过程是对传统惯性导航系统(INS)技术的反用,因为其基准是通过从完全不同偏移量下获得的数据来建立的,而不是用框架(万向支架)系统来建立基准。如果上次使用惯性基准系统(IRS)以后,飞机航向(或机头方向)没有改变,则可能只需约 30 s 进行快速校准。

3.5.3　惯性基准系统的性能

惯性基准系统(IRS)(或 RLG INS)的性能通常比传统惯性导航系统(INS)稍好,主要的优点是可靠性更高。系统的性能标准如下。

(1)位置精度:2 n mile·h^{-1}(海里小时)。

(2)俯仰或横滚:0.05。

(3)真航向:0.04°。

(4)地速:±8 kn(节)。

(5)升降速度:30′·s^{-1}(分/秒)。

(6)角速度:0.1°·s^{-1}(度/秒)。

(7)加速度:0.01 g(重力加速度的 1%)。

(8)无其他导航源的信息输入时,95%的置信概率。

3.5.4　惯性基准系统的控制、显示和输出

惯性基准系统(IRS)的控制和显示与传统惯性导航系统(INS)很类似,一个典型的主位开关组件(MSU)如图 3-54 所示。主控开关组件(MSU)主要用于选择 IRS 的工作方式。各方式的选择及功用与 INS 的方式类似。

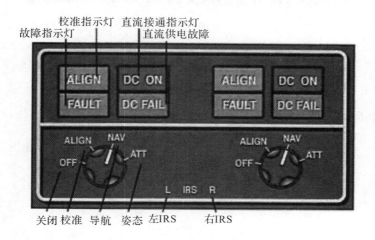

图 3-54　惯性基准系统主控开关组件(MSU)

其不同之处主要有以下两方面。

(1)IRS 没有预热(STBY)方式。

(2)在初始对准时,IRS 可以选择"ALIGN"方式,也可以选择"NAV"方式。当选择"ALIGN"方式进行初始对准时,白色"ALIGN"灯会燃亮,此时,要求输入初始位置的经纬度,飞机不允许移动。当"ALIGN"灯熄灭后,表示初始对准已经完成,可以选择导航方式了,如果选择导航方式,则提供所有的导航信息,如果未选择导航方式,则不提供任何导航信息。

当选择"NAV"方式进行初始对准时,白色"ALIGN"灯会燃亮,此时,要求输入初始位置的经纬度,飞机不允许移动,当"ALIGN"灯熄灭后,表示初始对准已经完成,系统自动进入"NAV"方式,提供所有的导航信息。

IRS 通过显示控制组件向机组提供导航信息。IRS 显示控制组件如图 3-55 所示。显示窗口用于显示导航信息或用于在初始对准时向 IRS 输入初始位置经纬度。

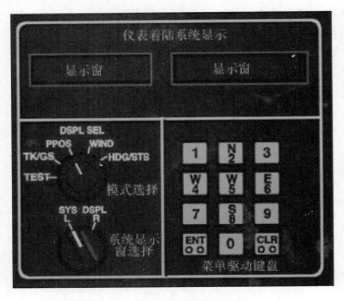

图 3-55　IRS 显示控制组件

3.5.5　B737-800 大气数据与惯性基准系统原理

1.系统概述

(1)大气数据惯性基准系统(ADIRS)向机组和飞机系统提供下列类型的数据。

1)高度。

2)空速。

3)温度。

4)航向。

5)高度。

6)当前位置。

(2)ADIRS 有下列组件:

1)大气数据组件(ADM)(4 个)。

2)总温探头 TAT。

3)迎角探测器 AOA(2 个)。

4)惯性系统显示组件 ISDU。

5)模式选择组件 MSU。

6)大气数据惯性基准组件 ADIRU(2)。

7)IRS 主告诫组件。

2.系统功能

B737-800 型飞机大气数据与惯性基准系统如图 3-56 所示。

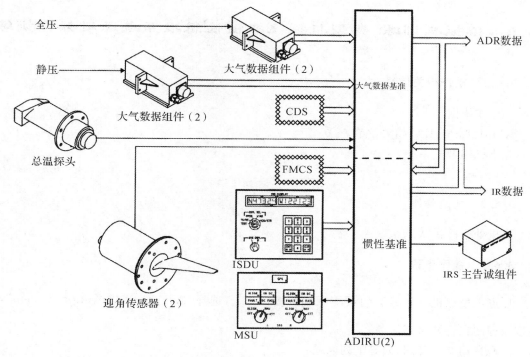

图 3-56 B737-800 型飞机大气数据与惯性基准系统原理图

TAT 探头测量外界空气温度,它把温度值转换为电信号。电信号被送到 ADIRU,迎角传感器测量并将迎角信号转换为电信号,电信号被送到 ADIRU。

(1)ISDU 向 ADIRU 提供初始位置和航向数据,并将下列数据提供给机组。

1)当前位置。

2)航向。

3)导航。

4)性能。

5)状态。

(2)MSU 向 ADIRU 提供模式选择数据。它也向机组人员显示系统运行和故障状态。两个 ADIRU 计算并向 ARINC 429 数据总线传送大气数据和惯性基准信息。每个 ADIRU 有两部分。一部分是大气数据基准(ADR)部分,另一部分是惯性基准(IR)部分。ADIRU 使用这些输入来计算以下大气数据。

1）全压。

2）静压。

3）总温。

4）迎角。

5）共用显示系统（CDS）的气压修正。

6）IR 数据。

每个 ADIRU 使用三个加速度计和三个激光陀螺来计算惯性基准（IR）数据。送往 ADIRU 的初始当前位置信息来自 ISDU，或来自飞行管理计算机系统（FMCS）。

3.6 模拟机训练：典型机型飞机惯性基准系统基础操作训练

3.6.1 操作相关信息

1.操作依据

AMM,ASM,IPC 相关章节。

2.飞机构型

901。

3.6.2 初始条件

飞机处于冷机状态。

3.6.3 操作步骤

1.点击模拟机操作界面的系统原理图按钮，选择"ATA34 - Navigation System"，保持该原理图在打开状态。

2.观察动态原理图，回答下列问题：

（1）ADIRU1 是否向其他组件传输数据： □是 □否

（2）ADIRU2 是否向其他组件传输数据： □是 □否

（3）ADIRU3 是否向其他组件传输数据： □是 □否

（4）ADIRU 向哪些组件传输信号：_____

3.在驾驶舱头顶板上将 ADIRU1 的"OFF - NAV - ATT"电门置于"NAV"位，回答以下问题：

（1）ADIRU1 是否工作： □是 □否

（2）头顶板上"ON BAT"灯是否点亮： □是 □否

（3）目前向 ADIRU1 提供工作电源来自于：

□发动机 □电瓶 □APU □地面电源

（4）头顶板上的"ON BAT"灯亮的含义是 _____

（5）观察机长的 PFD，PFD 目前的显示状态是

□不工作的黑屏状态 □通电但无信号输入的故障旗状态

□通电且有信号输入的正常显示状态

4. 在头顶板 35VU 电源控制面板上,按压将地面地缘与飞机相连,在头顶板上按压"1 BAT 2"的两个电门,打开电瓶。在 35VU 上观察两个电瓶的电压分别是 ＿＿＿＿＿＿＿＿＿＿＿＿ 和 ＿＿＿＿＿＿＿＿＿＿＿＿＿＿＿＿＿＿＿＿＿＿＿ 。

5. 将外部电源与飞机相连,此时 35VU 面板上 ＿＿＿＿＿＿ 灯点亮,该提示灯的颜色是 ＿＿＿＿＿ 。

6. 在驾驶舱头顶板上 35VU 按压"EXT PWR"电门,接通外部电源。

7. 观察动态原理图,目前工作,且向其他系统输出数据的 ADIRU 包括

□ADIRU1　　　□ADIRU2　　　□ADIRU3

8. 观察头顶面板上"ON BAT"灯的状态目前为

□点亮　　　　□熄灭

9. 完成惯性基准系统工作情况统计表 3-4。

表 3-4　惯性基准系统工作情况统计表

	ADIRU1		ADIRU2		ADIRU3	
是否通电	□是	□否	□是	□否	□是	□否
是否校准	□是	□否	□是	□否	□是	□否

10. 观察驾驶舱机长 PFD 和副驾驶 PFD,回答以下问题:

(1)目前机长 PFD 的显示状态是

□不工作的黑屏状态

□通电,但无信号输入的故障旗显示状态

□通电,且有信号输入的正常显示状态

□通电,但只有部分信号输入的正常显示状态

(2)目前副驾驶 PFD 的显示状态是

□不工作的黑屏状态

□通电,但无信号输入的故障旗显示状态

□通电,且有信号输入的正常显示状态

□通电,但只有部分信号输入的正常显示状态

(3)比较机长 PFD 和副驾驶 PFD 可得知:通电,但未经过校准的惯性基准系统(即只有大气数据模块工作,惯性基准系统不工作),可向 PFD 提供的数据包括: ＿＿＿＿＿＿＿＿＿＿＿＿＿＿＿

(4)观察头顶板上 ADIRU1 的"ALIGN/FAULT"灯,该灯目前的状态是

□熄灭　　　□常亮白色的 ALIGN 灯　　　□闪亮白色的 ALIGN 灯

□常亮琥珀色的 FAULT 灯

(5)"ALIGN/FAULT"灯常亮白色的"ALIGN"表示: ＿＿＿＿＿＿＿＿＿＿＿＿＿＿＿

＿＿＿＿＿＿＿＿＿＿＿＿＿＿＿＿＿＿＿＿＿＿＿＿＿＿＿＿＿＿＿＿＿＿＿＿＿＿

11. 点击模拟机界面的快速校准按钮◉,快速校准惯性基准系统。

12. 在驾驶舱头顶板上将 ADIRU2 的"OFF-NAV-ATT"电门置于"NAV"位,回答以下问题:

（1）完成惯性基准系统工作情况统计表 3-5。

表 3-5 惯性基准系统工作情况统计表

	ADIRU1		ADIRU2		ADIRU3	
是否通电	□是	□否	□是	□否	□是	□否
是否校准	□是	□否	□是	□否	□是	□否

（2）目前机长 PFD 的显示状态是

□不工作的黑屏状态

□通电，但无信号输入的故障旗显示状态

□通电，且有信号输入的正常显示状态

□通电，但只有部分信号输入的正常显示状态

（3）目前副驾驶 PFD 的显示状态是

□不工作的黑屏状态

□通电，但无信号输入的故障旗显示状态

□通电，且有信号输入的正常显示状态

□通电，但只有部分信号输入的正常显示状态

（4）比较机长 PFD 和副驾驶 PFD 可得知：经过校准的惯性基准系统与未经过校准的惯性基准系统，可向 PFD 提供的数据包括：＿＿＿＿＿＿＿＿＿＿＿＿

＿＿＿＿＿＿＿＿＿＿＿＿＿＿＿＿＿＿＿＿＿＿＿＿＿＿＿＿＿＿＿

（5）目前机长 ND 的显示状态是

□不工作的黑屏状态

□通电，但无信号输入的故障旗显示状态

□通电，且有信号输入的正常显示状态

□通电，但只有部分信号输入的正常显示状态

（6）目前副驾驶 ND 的显示状态是

□不工作的黑屏状态

□通电，但无信号输入的故障旗显示状态

□通电，且有信号输入的正常显示状态

□通电，但只有部分信号输入的正常显示状态

（7）比较机长 ND 和副驾驶 ND 可得知：经过校准的惯性基准系统与未经过校准的惯性基准系统，可向 ND 提供的数据包括：＿＿＿＿＿＿＿＿＿＿＿＿

＿＿＿＿＿＿＿＿＿＿＿＿＿＿＿＿＿＿＿＿＿＿＿＿＿＿＿＿＿＿＿

13.点击模拟机界面的快速校准按钮 ，完成惯性基准系统工作情况统计表 3-6。

表 3-6 惯性基准系统工作情况统计表

	ADIRU1		ADIRU2		ADIRU3	
是否通电	□是	□否	□是	□否	□是	□否
是否校准	□是	□否	□是	□否	□是	□否

14. 观察动态原理图,回答以下问题:

(1)此时,向 DMC1 传输的数据的 ADIRU 为 _____

(2)此时,向 DMC2 传输的数据的 ADIRU 为 _____

(3)此时,向 DMC3 传输的数据的 ADIRU 为 _____

(4)此时,向 DDRMI 传输数据的 ADIRU 为 _____

15. 在驾驶舱头顶板上将 ADIRU3 的"OFF – NAV – ATT"电门置于"NAV"位,点击模拟机界面的快速校准按钮 ⊙,完成惯性基准系统工作情况统计表 3 – 7。

表 3 – 7　惯性基准系统工作情况统计表

	ADIRU1		ADIRU2		ADIRU3	
是否通电	□是	□否	□是	□否	□是	□否
是否校准	□是	□否	□是	□否	□是	□否

16. 观察动态原理图,回答以下问题:

(1)此时,向 DMC1 传输的数据的 ADIRU 为 _____

(2)此时,向 DMC2 传输的数据的 ADIRU 为 _____

(3)此时,向 DMC3 传输的数据的 ADIRU 为 _____

(4)此时,向 DDRMI 传输数据的 ADIRU 为 _____

17. 在驾驶舱头顶板上 35VU 按压"EXT PWR"电门,断开外部电源,回答以下问题:

(1)目前飞机的工作电源来自于:

□发动机　　　　□电瓶　　　　　□APU　　　　　□地面电源

(2)观察动态原理图,目前哪个(哪些)ADIRU 仍然处于工作状态:

□ADIRU1　　　□ADIRU2　　　□ADIRU3

(3)观察头顶板上"ON BAT"灯的状态,目前为 _____,其含义是 _____

18. 将头顶面板上 ADIRU1、ADIRU2、ADIRU3 的"OFF – NAV – ATT"电门置于"OFF"位,回答以下问题:

(1)观察动态原理图,目前哪个(哪些)ADIRU 处于不工作状态:

□ADIRU1　　　　□ADIRU2　　　　□ADIRU3

(2)观察头顶板上"ON BAT"灯的状态,目前为 _____

19. 断开电瓶,将飞机恢复初始状态。

第4章 发动机指示与机组警告系统及电子中央飞机监控系统

在飞行过程中,驾驶员必须知道飞机各系统的异常状态,以便能了解问题的严重程度,及时采取适当的措施,确保飞行安全。当飞机落到地面后,维护人员能根据机组反映的故障情况以及系统的故障现象,进行检查、测试、排故,以保证航班的正常运行和飞机的安全。

为此,现代飞机(波音飞机)上装备有"发动机指示和机组警告系统"(EICAS),在空客飞机上叫作"电子中央飞机监控系统"(ECAM)。不同型号的飞机,其系统的基本组成略有不同,但功能是一样的,主要明显的区别是系统的构型、显示器的种类、显示控制方法及显示格式有所不同,如图4-1和图4-2所示。计算机可采用2套或3套,而显示器可用CRT或LCD。

图4-1 发动机指标和机组警告系统

图4-2 电子中央飞机监控系统

4.1　EICAS 系统的组成

EICAS 显示主要的发动机指示,并在中央位置提供非正常情况的警告系统。该系统也可显示驾驶舱里看不到的其他系统状态。在地面时,EICAS 还可为维护人员提供各种系统数据。EICAS 的基本组成包括中央警告计算机、显示组件、相关的控制面板和警告提醒部件(包括警告灯和音响警告部件)。一个典型 EICAS 系统包括两个 EICAS 计算机、两个显示器、两块控制面板(显示选择板和维护面板)、EICAS 继电器、取消/再显示电门、机长和副驾驶员主警告灯及音响警告部件,它们协同完成 EICAS 的各项功能。两台 EICAS 计算机接受来自发动机和系统各个传感器的输入。从传感器传来的信息显示在两个阴极射线管(CRT)显示器上,以表盘和数字读数的形式显示警告、警戒和咨询信息,如图 4 - 3 所示。

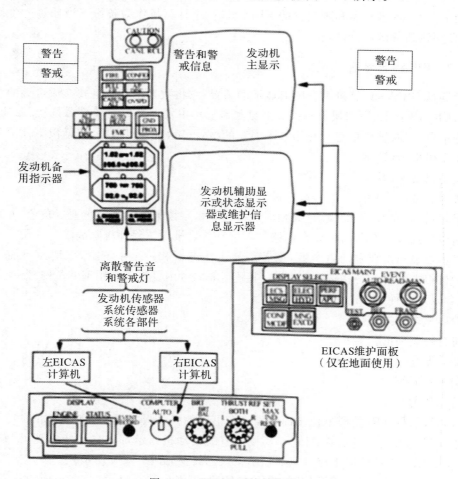

图 4 - 3　EICAS 系统结构图

此系统正常工作时,由左 EICAS 计算机输出信号驱动两个显示器,右 EICAS 计算机为备份状态,一旦左 EICAS 计算机失效,系统自动转换为右 EICAS 计算机驱动显示。

4.1.1　EICAS 计算机

EICAS 计算机控制中央警告系统的所有功能,它们同时收集、处理并格式化发动机和飞机系统数据,只要问题一发生,就能提供快速而明确的警告信息和系统概况显示,并控制警告灯和音响警告。计算机也存储信息,为维护人员提供维护信息和维护参考数据,并可对系统本身进行自检。

计算机选择旋钮可决定当前控制 EICAS 的计算机。如图 4-3 所示,当计算机选择旋钮处于 AUTO 位置时,使用的是左 EICAS 计算机,当左计算机失效时,自动切换到右 EICAS 计算机。当选择 L 位置时,只有左计算机能控制 EICAS;当选择 R 位置时,只有右计算机能控制。

对于装有 3 套计算机的系统,左计算机负责上 EICAS 显示器及机长 EFIS 的工作,右计算机控制下 EICAS 显示器和副驾驶的 EFIS 显示,中计算机作为备份。当任意一台计算机故障时,会自动转到备份计算机。

4.1.2　EICAS 显示器

显示器是 EICAS 计算机进行图形显示的装置,它将数字视频信息转换成可见的彩色图形和字符。EICAS 有上、下两块显示器。上显示器显示主发动机参数及襟翼位置、燃油量、起落架位置等信息,以及警告信息。它用一个固定的格式显示发动机数据,包括以下几部分。

1)发动机推力(EPR)。

2)发动机转速(N_1)。

3)排气温度(EGT)。

如果超过 N_1 或 EGT 的极限,其相应的指针和数字读数就会从白色变成黄色,并最终变成红色。超标信息存储在非易失性存储器(NVM)内,供维护工程师排除故障时调用。

下显示器显示次要发动机参数,或者是显示状态页和各个系统页,在地面还能显示维护页。它为机组人员指示各种选项,并作为主显示屏的备用设施。利用 EICAS 控制面可选择页面,它包含以下几种类型的系统信息。

1)液压系统压力。

2)飞行控制面的位置。

3)货舱温度。

4)刹车片温度。

5)轮胎压力。

阴极射线管(CTR)的屏幕位于油门操纵台上方的仪表板中央,典型显示如图 4-4 所示。

如果上显示器或下显示器故障失效,则所有的发动机指示都将自动转换到另一个显示器以紧凑格式显示,由继电器来控制上下显示格式的转换,如图 4-5 所示。

这样可以保证当一台 CRT 故障,或下方 CRT 正用作状态显示(或在地面用作维护显示)时,飞行机组还能使用完全的功能。在紧凑方式下,主要的发动机指示以正常格式显示,而次要信息和燃油系统指示以数字格式显示。如果两个显示器同时失效,则可人工控制通过多功能显示方式显示在任一导航显示器上,或有的飞机可借助备用发动机指示器和电子警告组件显示重要发动机参数和报警信息。

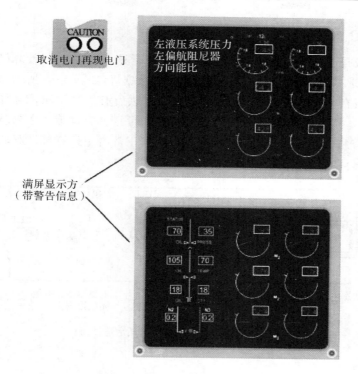

取消电门再现电门

满屏显示方
（带警告信息）

左液压系统压力
左偏航阻尼器
方向能比

图 4-4　发动机指示的典型方式

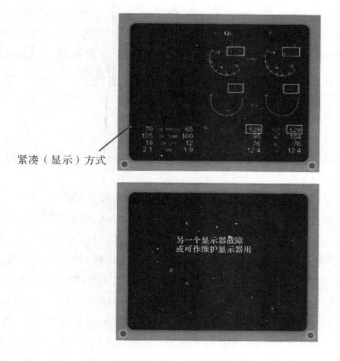

紧凑（显示）方式

另一个显示器故障
或可作维护显示器用

图 4-5　发动机显示的紧凑方式

4.1.3　EICAS 显示选择面板

　　显示选择面板是 EICAS 系统的主要控制板,它包括显示格式选择、计算机选择、推力基准调整控制、人工记录控制和用于消除显示发动机超限数据灯,如图 4-6 所示。

　　显示选择面板在飞行中或地面上都能为计算机提供所有控制功能,不同的 EICAS 构型,面板的功能有所不同,其主要功能有计算机控制电门,可选择自动或人工转换,当置于"L"或"R"时,相应的计算机驱动显示;当置于"AUTO"位时,正常由左计算机来驱动显示,如果左计算机有故障,系统会自动地转到右计算机。

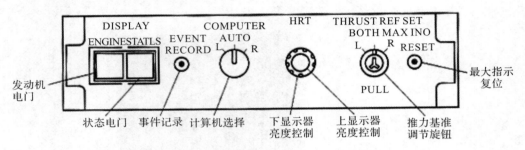

图 4-6　综合计算机的控制和显示选择面板

　　显示的控制有以下几种。

　　(1)显示选择。两个显示电门(DSPLAY)都是瞬时按压电门,它们控制 EICAS 的显示方式。

　　1)按压发动机(ENGNE)电门将在下显示器上显示全部次要发动机参数,而上显示器仍显示主要发动机参数。再按压次发动机电门,则清除下显示器的次要发动机参数。

　　2)按压状态(STATUS)电门则在下显示器显示状态方式页面。页面右半部的状态信息可能不只一页,如果需要的话,状态电门也用于翻阅状态信息页,每按压一次,则顺序向后显示一页,一旦所有信息显示完毕,再按压一次,则清除状态页面。如果在飞行中任一显示器失效,那么,状态电门将不起任何控制作用。

　　(2)事件记录电门。瞬时事件记录(EVENT RECORD)按钮的功用是:当发动机工作时,按压这个按钮,可同时记录环控、电源/液压、性能/APU 格式参数的瞬时值,并将这些数据存储在人工事件非易失存储器中。

　　(3)显示亮度控制。亮度控制是由两个同心旋钮组成的。当顺时针方向转动时,内旋钮增大上显示器的亮度,而外旋钮增大下显示器的亮度。由于内、外旋钮机械地啮合在一起,所以,它们通常是同时转动的,但也可改变两个旋钮的相对位移,以平衡两个显示器的相对亮度。

　　(4)推力基准设置电门。外侧为发动机基准选择旋钮,可选择左、右或两发动机的推力基准指示,内旋钮用来改变基准值,"按进"位为推力管理计算机自动选择,"拔出"位为人工选择。

　　(5)最大指示复位电门。当发动机的工作参数出现超限时,EICAS 显示器相应地指示红色,并在相应模拟指示器的数字方框下有小字码显示。当发动机工作状态恢复正常后,指针及方框内的大字码数字值的颜色也随之变为正常色,但小字码仍不取消,此时接压最大指示复位(MAX IND RESED 按钮时,可清除小字码。应该指出,该按钮只清除现在的已不存在的最大超限数值显示,但不能清除计算机内的超限参数的数据存储。

　　(6)计算机选择电门。计算机选择(COMPUTER)电门是三位置旋钮式电门。当旋到"AUTO"位时,由左计算机驱动两个显示器工作,右计算机备用。一旦左计算机失效,右计算机自动替换。当选择在"L"位或"R"位时,由相应的计算机驱动两个显示器进行显示。

　　为了能对更多的系统进行监控,有些 EICAS 系统将显示和计算机控制功能分为两个独立的面板,在显示选择面板上增加了各系统的显示控制,甚至在 CDU 菜单上设置了备份的显示选择面板功能,飞行时机组能及时监控飞机系统的异常情况。

　　如图 4-7 所示为另一种综合显示选择面板。在下显示器上显示多系统概况或状态页面,除发动机及状态页外,还可显示电源系统、燃油系统、环境控制系统、液压系统和起落架系统的概况图。

　　为了减少不十分紧迫的信息对驾驶人员的干扰,可按压"取消"按钮取消 B 级和 C 级信息;"取消"按钮还具有翻页作用,即在警告信息多余 1 页时,每按压一次"取消"按钮,就显示下页信息,直到 B 级和 C 级信息全部取消为止。按压"再显示"按钮,可重新显示那些被取消但故障仍存在的 B 级和 C 级信息。

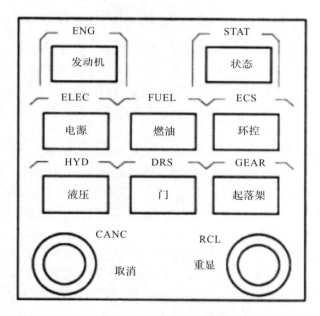

图 4-7　综合显示选择面板

4.1.4　EICAS 维护面板

　　维护面板的功能是控制下显示器显示飞机分系统参数和维护信息。维护面板通过空/地继电器与显示选择板相连,因此,维护面板只有当飞机停留在地面时才起控制作用,主要用于向地面维护人员提供飞行后维护和排除故障所需要的数据及信息。维护面板的另一个特点是它没有逻辑部件和电源输入,因此,当显示选择板失效后,维护面板也随之不起任何控制作用。

　　维护面板上有 1 个测试电门和 9 个控制电门,5 个显示选择电门可在下显示器选择显示 5 种维护页面,这些页面所提供的维护数据和信息可帮助地面维护人员排除故障和检查主要系统的状况。维护面板还可以人工记录数据,阅读已存储的记录以及抹去在非易失存储器

（NVM）中存储的自动或人工事件。如图4-8所示为维护面板，维护面板上各电门的控制功能如下。

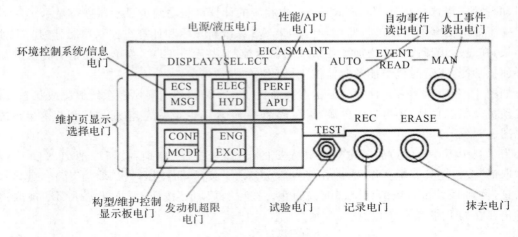

图4-8　维护面板

（1）系统显示选择电门。"环境控制系统/信息"（ECS/MSG）电门、"电源/液压"（ELEC/HYD）电门、"性能/辅助动力装置"（APU（PERF）/APU）电门，按压显示相应的维护页面。

按压"环境控制系统/信息"电门可显示维护信息，维护信息也叫M级信息，信息区显示实时维护信息和已存储的状态和维护信息。每个页面最多可显示11条信息，如果多于11条信息，再按压此电门来翻页。

（2）构型/维护控制显示板（CONF/MCDP）显示选择电门。按压电门，构型/维护控制显示板页面显示发动机构型信息、相关部件的件号和状态以及MCDP数据等。

（3）发动机超限（ENG EXCD）显示选择电门。按压电门，将存储的发动机超限参数的最大值和累计总时间显示出来。如前所述，按压一次电门，显示超限数值，再按压一次电门，显示器恢复主要发动机参数和次要发动机参数显示。

（4）事件读出（EVENT READ）电门，分为自动事件读出和人工事件读出。首先要选定任一维护页，再按压"事件读出"电门，将显示该格式记录的维护数据；按压"自动（AUTO）"电门则显示EICAS自动事件记录的数据；按压"人工（MAN）"电门则显示原来用事件记录电门（在显示选择板上）或记录电门（在维护面板上）人工记录的数据。

1）自动事件读出电门。按压电门，能以ECS/MSG，ELEC/HYD或PERF/APU中任一格式显示先前记录并存储在EICAS计算机内的"自动"非易失存储器中与该格式相关的实时数据。字样显示。在下显示器底部的方框内有AUTOEVENT字样显示。

再按压一次"自动事件读出"电门，则将自动事件方式显示变为所选维护格式的实时显示。

2）人工事件读出电门。按压电门，能以ECS/MSG，ELEC/HYD或PERF/APU中任一格式，用实时方式显示先前记录并存储在EICAS计算机内的"人工"非易失存储器中的该格式数据。在下显示器底部方框内，相应显示MANEVENT字样。

（5）记录（REC）电门。记录电门用于在NVM中记录维护数据，只能在地面上记录，并且当所选定的ECS/MSG，ELEC/HYD或PERF/APU格式正在实时显示时，按压"REC"电门才能实时记录。数据的记录要经过显示板的事件记录电门,它们共享一个存储器。最后的记录将冲掉先前的存储数据,只有最后的数据才可以显示出来。

(6)抹去(ERASE)电门。抹去电门用于抹去原来存储在 NVM 中的数据。抹去电门的使用方法有以下几种。

1)按压维护面板上的任一系统显示选择电门。

2)按压"自动事件读出"或"人工事件读出"电门。

3)按压"抹去"电门 3 s 以上,这样信息就可抹去。抹去发动机超限值时,只需按"ENG EXCD"和按"ERASE"电门即可,不需要按"AUTO"或"MAN"电门。用同样的方法,也可抹去锁定的 EICAS 状态信息。

(7)试验(TEST)电门。当飞机停留在地面上并踩下停留刹车时,按压 TEST 电门可以启动 BTTE 自检程序,在两个显示器上出现自检格式,并显示测试结果。但每次只能测试 EICAS 的一个计算机通道,需要转换计算机控制电门来测试另一台计算机。当自检结束后,再按压"试验"电门即可回到全格式显示。

4.1.5　EICAS 显示转换面板

显示转换面板是用来转换 EICAS 的显示格式,当显示器有故障时,可用备份的显示。有两个相同的机长和副驾驶转换面板,每个面板上的下显示器选择电门有"正常""导航"和"主 EICAS"位,可选择主 EICAS 信息或导航信息在下显示器上显示。当内侧导航显示器选择电门放于"EICAS"位时,也可显示 EICAS 信息,如图 4 - 9 所示为显示转换面板。

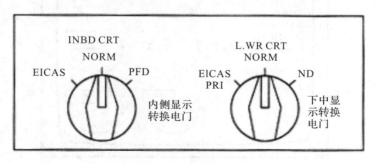

图 4 - 9　显示转换面板

4.1.6　提醒注意获得器

提醒注意获得器由主警告灯、警戒灯和相关的音响警告组成,警告灯为红色灯,警戒灯为琥珀色灯,这两种灯为一组,分别装置遮光板两侧。当有一警告产生,主警告灯连续闪亮,并伴有连续的音响警告;当有一警戒级别的警告产生时,警戒灯稳亮并产生一声单谐音的音响警告。同时,机组可按压灯来复位相应的警告。

文字消息作为"注意警报系统"(CAS)的一部分进行显示。这些消息用颜色编码表示它们的重要性。典型消息包括燃料或液压油系统的压力过低、舱门没有关闭等。系统警示信息自动按不同颜色显示并按重要性排序。这些消息根据重要性的不同还带有以下几种有声警报:

(1)告警性消息是红色的,带有有声警报(需要机组人员立即行动)。

（2）警示性消息是黄色的，带有有声警报（需要机组人员及时处理）。

（3）提醒性消息是黄色的，没有有声警报（需要机组人员有时间时考虑处理）

4.2 EICAS 系统显示数据的识读

根据系统的功能和使用要求，不管飞机是在空中还是在地面，都应该有各种现实方式，以满足机组飞行和维护工作的需要。该系统设计成多种显示方式，主要有工作方式、状态方式、系统概要方式和维护方式。

4.2.1 EICAS 显示区域的划分（飞行前和飞行中的正常显示）

EICAS 设计为飞行前检查、飞行中各飞行阶段及飞行后维护都能自动监控和显示数据。其自动和人工事件记录减轻了驾驶人员的负担，增加了地面维护的方便性。

（1）接通电源时的显示。飞机停留在地面，当接通电源时，全部发动机参数自动出现。上显示器显示主要发动机参数，下显示器显示次要发动机参数，这种显示方式为全格式显示，如图 4 - 10 所示。

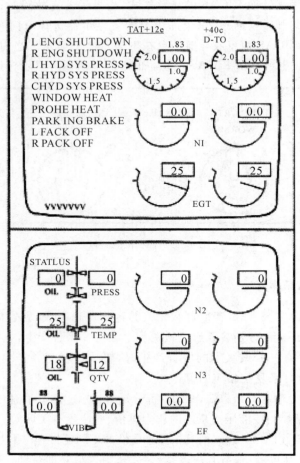

图 4 - 10 接通电源后的自动显示

（2）飞机起飞前的显示。飞行前为了检查飞机系统状况，按压显示选择板上的"状态"电门，上显示器仍显示主要发动机参数，下显示器变为状态页，提供状态信息，以确定飞机放飞的准备条件，即显示与最低设备清单相关的内容。

为了监控发动机的启动，按压显示选择板上的"发动机"电门，则返回到上显示器显示主要发动机参数，下显示器显示次要发动机参数，用以监控发动机的启动过程，如图 4-11 所示。

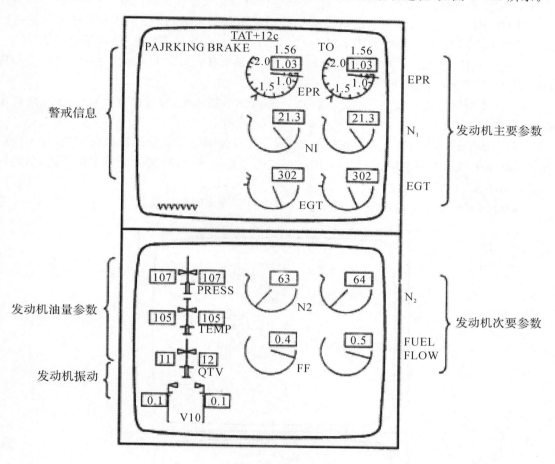

图 4-11　飞机起飞前显示

（3）飞行中的正常显示。在飞行中，EICAS 的显示器显示主要发动机参数和警告信息，以便驾驶人员连续监控。为了减轻驾驶人员的负担，更有效地监控发动机参数，在正常飞行时，下显示器设计为空白，如图 4-12 所示。

4.2.2　EICAS 发动机参数的识读

EICAS 发动机参数是指发动机的主要参数和次要参数。

1. 发动机主要参数显示

发动机主要参数主要显示在 EICAS 主显示器上，如图 4-13 所示。

（1）主要参数。发动机压力比（EPR）、低压转子的转速（N_1）和发动机排气温度（EGT），他们在显示器上都有实际值、目标值和指令值,并由数字读出和模拟指针指示,在刻度盘上有最大的限制指示,这些主要参数会被全程监控。在主要参数的上部指示大气总温、假设温度和推力限制方式。

(2)警告信息区。警告信息按照级别的高低自动依次显示,不同的构型系统有不同的信息种类,显示的区域也不同。主要有红色的 A 级警告信息,琥珀色的 B 级警戒信息和琥珀色的 C 级注意(咨询)信息。有些 EICAS 信息区还包含有备忘信息和其他信息。

(3)状态提示符。当出现新的状态信息而不显示状态页时,将在上显示器显示状态提示符。可以由不同的方式指示,如 7 个"V"或"STATUS"。当选择了状态页后,提示符消失。

(4)空中启动包线。显示在警告信息的下方,如果有任何发动机在空中停车,当要重新启动时,会给出空速限制范围。

(5)环境控制系统参数。在主要参数的下方,显示管道压力、座舱高度及其变化率、座舱压差、着陆高度等参数。

(6)起落架和襟翼位置指示。在显示器的右下角,分别显示起落架和襟翼位置,以不同颜色表示起落架的放下并上锁、收上并上锁、收/放中和故障情况,襟翼的正常工作位置、移动状态和故障状态。

(7)燃油数据。显示总燃油量、燃油温度和抛油后最大的剩油量。

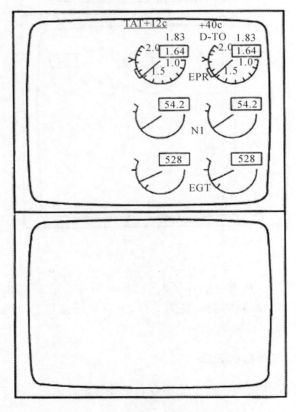

图 4 - 12 EICAS 在空中正常工作的显示

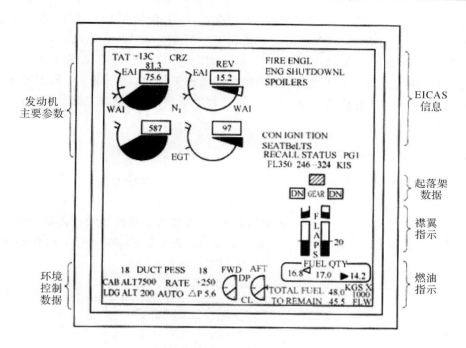

图 4 - 13　EICAS 主显示器

2. 发动机次要参数显示

　　如图 4 - 14 所示，发动机次要参数通常在下显示器上显示，通电时自动显示或按压显示选择面板上的"发动机"电门显示，如果再按压，其显示为空白。

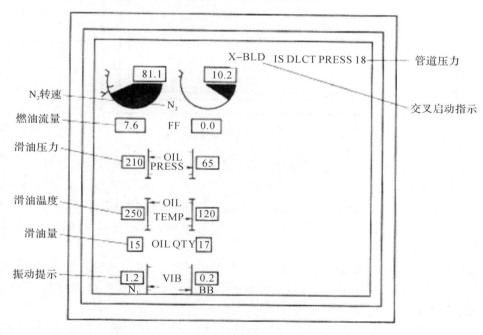

图 4 - 14　发动机次要参数显示 N_2 转速

显示的参数有:高压转子的转速(N2)、燃油流量(FF)、滑油压力(OIL PRESS)、滑油温度(OIL TEMP)、滑油量(OIL QTY)、振动系数(VIB)等。N_2 和 N_1 有相同的显示格式,在 N_2 下面显示燃油流量,单位是 $t \cdot h^{-1}$ 或 $lb \cdot h^{-1}$(注:1lb≈0.454kg),但它没有超差指示;滑油压力和温度有相同的显示格式,以数字读出和垂直刻度模拟指示,在刻度上有限制指示,油温的单位为摄氏度(℃),同样有超差指示;滑油量只以数字形式读出;发动机振动参数以数字读出和垂直刻度模拟指示。

4.2.3 EICAS 系统参数的识读

EICAS 系统参数是指空调、引气、电源、门系统和燃油等系统参数。

1. 状态页显示

状态页主要显示飞机的放行状态和系统参数,需要根据最低设备放行清单(MEL)来确定此状态下的飞机能否放行,显示在下显示器上。如果两台台显示器都处于完好状态,状态方式在地面或空中都可以使用。如图 4-15 所示为状态页显示。

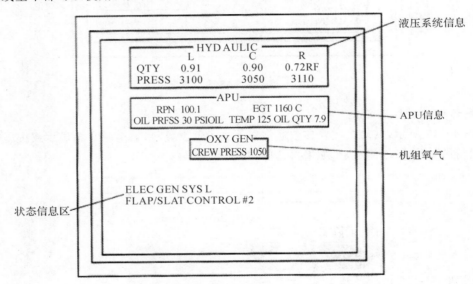

图 4-15 状态页显示

按压显示选择面板上的"状态"按钮来显示状态页,主要信息有液压系统参数、APU 参数、氧气、飞行控制舵面状态等及状态信息。在飞行中通常不需要使用状态方式。如果下显示器不在状态页,当某一系统状态发生变化时,会在上显示器上显示状态提示符,只有驾驶人员认为需要查看时,按压"状态"电门才显示状态页。如果这种异常状态过一段时间后不再存在,状态提示符也自动消失。

状态信息也叫 S 级信息,当有信息出现时,需要按 MEL 来确定飞机的放行状态。信息显示为白色,最新信息显示在顶部,每页最多可显示 11 条信息,如果多于 11 条信息,可再次按压"状态"按钮来翻页。

状态信息对维护飞机很重要,所有的信息被送到 CMS 处理。状态信息主要分为锁定的和非锁定的两种。锁定的状态信息被存储在 EICAS 计算机的 NVM 里,它可以是活跃的或非活跃的,当故障被排除后,该信息仍会显示,需要通过特殊的程序来删除此信息,可通过 CDU 或面板上的抹除功能来实现。而非锁定的状态信息是不会被 EICAS 计算机存储起来的,当故障被排除后,信息会自动消失。

2.概要页显示

概要显示格式以图示来显示各飞机系统,是种动态的实时数据显示,并以各种不同颜色来显示系统构型和状态,系统的这些构型和驾驶舱顶板的布局相似,以使机组人员容易识别系统的异常情况。

系统和系统概要页主要显示在下显示器上,由人工控制。不同的显示选择面板构型,可有不同的系统选择按键,如图 4 - 16 所示为概况图显示格式,共有 6 个系统按键:电源系统、燃油系统、环境控制系统、液压系统、门页和起落架系统,有些面板还有飞行操纵系统选择键。无论是在空中还是在地面上,按压显示选择面板上的系统按键,都可显示实时的相应系统数据,如果第二次按压同样的键,则显示消失。

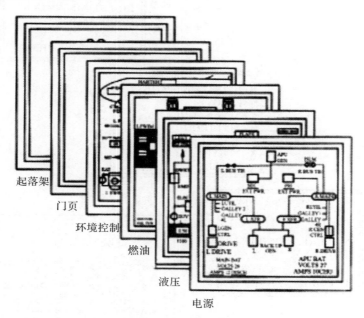

起落架
门页
环境控制
燃油
液压
电源

图 4 - 16　概况图显示格式

不同的显示颜色有不同的含义:红色表示警告级别、限制或超限;琥珀色表示警戒别、限制、超限或故障;品红色表示指令或目标值;蓝色表示预位状态;绿色表示接通态或流量;灰色表示实际飞机状态;白色表示断开或无效数据。

3.维护页显示

当飞机回到地面后,维护人员需要查看系统所记录的维护数据和信息,才能及时、有效地排除故障。该系统设置了维护页功能,维护页主要是在下显示器上显示系统的数据,它们也可以被打印出来或通过数据链发送到地面站。根据不同的构型,维护页的格式和数量各有不同,可选装任一种途径进入维护页:维护面板或 CDU 维护页菜单,它们有相同的基本选择功能。

每个系统的维护页显示方式最多有实时显示、人工快照和自动快照显示等 3 种。实时显示方式是指显示系统当时的动态数据;人工快照(人工事件)和自动快照(自动事件)方式则显示各自存储在 NVM 中的数据。当按压显示选择面板上的"事件记录"按钮或维护面板上的"事件"按钮或 CDU 菜单相应功能键(如果选装 CDU 维护菜单功能的),可将人工快照记录在 NVM 里。在每个飞行段,每个系统最多可记录 5 幅人工快照。

自动快照有专用的 NVM,当某些系统的参数出现超限时,会自动地产生快照,并存储在 NVM 里,每个系统最多可以记录 5 幅自动快照。

如图 4－17 所示为 CDU 的维护页菜单,各系统的维护页清单是按 ATA 章节来排列的。在维护页的主菜单里,按压相应的行选键,可删除或记录所有系统的维护页。而在每个系统的维护页上,可选择系统的实时显示、人工记录、人工快照显示、自动快照显示,也可删除或报告系统维护页。

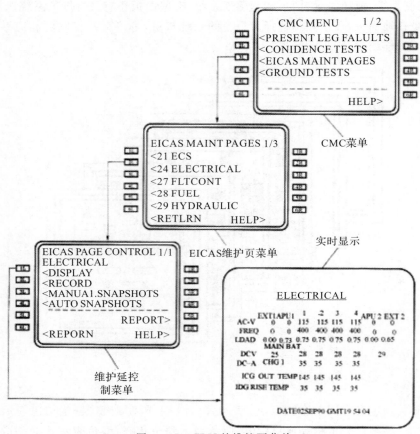

图 4－17　CDU 的维护页菜单

4.3　ECAM 系统的组成

在空客飞机上的,都装有 ECAM 系统,称为电子中央飞机监控系统,其基本功能与其他飞机的 EICAS 系统相似,主要是监控发动机参数及飞机系统的警告指示。与 EICAS 的主要区别是显示能力和显示格式略有不同,其显示的信息也分 3 个级别,使飞行机组容易意识到各种警告的严重程度。如图 4－18 所示为 ECAM 的显示格式。

ECAM 系统主要由 2 个显示器(CRT 或 LCD)、3 个显示管理计算机(DMC)、2 个系统数据集获器(SDAC)、2 个飞行警告计算机(FWC)、1 个 ECAM 控制板、显示转换面板及目视和音响警告系统所组成,如图 4 - 19 所示。

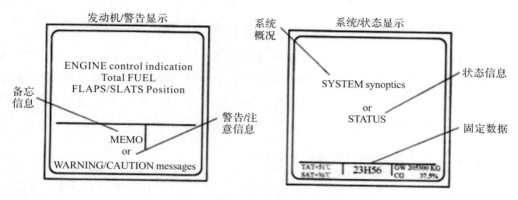

图 4 - 18　ECAM 的显示格式

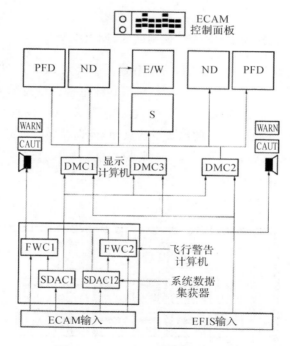

图 4 - 19　ECAM 系统组成原理图

　　每个 DMC 通过其接口从飞机传感器和计算机直接输入需要显示的数据,同时从两个 SDAC 接收飞机系统参数,从 FWC 接受备忘信息,经处理后送到显示器上显示。正常时,DMCI 负责机长的 EFIS 和上 ECAM 显示,DMC2 负责副驾驶的 EFIS 和下 ECAM 显示,DMC3 作为备份。

　　当系统探测到需要警告的信息时,则通过 DMC 将警告信息在 ECAM 显示器上显示,并触发相应的警告灯点亮和发出音响警告。

　　每一警告灯是由两个灯组成的,每个灯分别由一个 FWC 控制,当有一个 FWC 故障,不会影响到警告灯的工作。当系统有任何一个 DMC、一个 FWC 和一个 SDAC 同时故障时，系统仍能正常工作。

4.3.1 ECAM 显示器

在中央仪表板上有两个相同的显示器，用来显示 ECAM 信息，上显示器称为发动机警告显示器（E/WD），显示发动机和燃油参数、检查单和警告信息及襟翼/缝翼位置、警告和警戒信息、无故障存在时的备忘录；下显示器称为系统或状态显示器（SD），显示各系统概况页面、状态信息页面和一些固定参数。

4.3.2 ECAM 计算机（显示管理计算机 DMC）

3 个 DMC 功能相同，可以互换。其处理 SDACS 的输入数据，产生飞机系统信息并显示在 SD 上；采用 FWCS 来的信号，处理后在 E/WD 的下部显示飞机信息；也可以直接从飞机系统中采集数据，处理后显示在 E/WD 的上部。

4.3.3 ECAM 显示选择面板（ECAM 控制面板，ECP）

ECAM 控制面板提供 ECAM 的控制，主要有显示器亮度调节旋钮、起飞构型检查按键、紧急取消按键（可以取消所有的音响警告和警告信息（红色警告信息除外））、状态页或系统页选择键、取消或再调出警告信息（红色警告除外）电门。当 ECAM 控制面板失效后，可用"全部（ALL）"按钮以 1 页·s⁻¹的速度逐一调出各系统页面，当选择到所需的系统页面时，松开按钮即停留该显示页。有的面板还有跳开关（C/B）监控功能。如果被监控的跳开关是在打开位，则当按压此电门时，会显示相应的信息。

ECAM 控制板如图 4 - 20 所示。

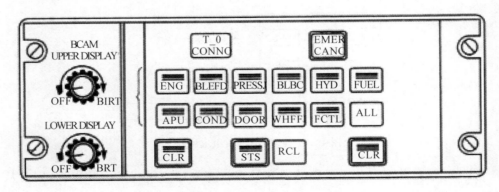

图 4 - 20　ECAM 控制板

（1）OFF/BIRT（关断/亮度）旋钮。控制每部 ECAM 显示组件的接通/断开和亮度（随光线变化自动调整亮度并与人工控制相结合）。当 UPPER DISPLAY（上部显示器）旋钮转到OFF（断开）位发动机/警告显示时自动显示在下部的显示组件上。

（2）系统页面按钮。有 13 个系统页面按钮，用于人工选择 SD 的显示页面。按下某一按钮,SD 上即显示对应的系统页面。13 个系统页面分别为 ENG(发动机次要参数)、BLEED(引气)、PRESS(座舱增压)、EL/AC(交流电源)、EL/DC(直流电源)、HYD(液压)、C/B(跳开关状态)、APU(辅助动力装置)、COND(空调)、DOOR(门与氧气)、WHEEL(起落架、机轮、刹车)、F/CTL(飞行操纵)和 FUEL(燃油)。

(3)再现(RCL)按钮。用来再现被 CLR 按钮或飞行阶段自动抑制的警告或警戒信息。若没有警告或警戒信息,则 NORMAL 字符在 E/WD 上显示 5 s。

(4)状态(STS)按钮。用于调出 SD 上的状态页。若没有状态信息,则 NORMAL 字符在 SD 上显示 5 s。

(5)清除(CLR)按钮。用来清除显示在 E/WD 下部的警告和警戒信息。当 SD 上出现非正常系统页面显示时,按压主钮,可使该页面消失,回复到先前显示的页面。

(6)全部(ALL)按钮。按下并保持,能使 13 个系统页面以 1 s 的间隔依次在 SD 上显示。此时,若需要显示某一页面,只需在显示该页面时,松开按钮即可。

(7)应急取消(EMER CANC)按钮。用于取消警告和警戒的音响信息。

(8)起飞形态(T－O CONFIG)按钮。用于检查起飞前的飞机形态。如果形态正确,E/WD 上显示 T. O. CONFIG NORMAL。

4.3.4　系统数据集获器(SDAC)

SDAC 组件负责采集、处理数据,并传送到以下组件。

(1)显示管理计算机(DMC),以显示发动机参数和系统页面数据。

(2)飞行警告计算机(FWC),以产生报警信息和流程信息。

4.3.5　飞行警告计算机(FWC)

所有的报警信息都是由飞行警告计算机(FWC)产生的,包括声响警报和人声信息(无线电高度),这些信息来源如下。

(1)红色警告直接从飞机各传感器或系统产生。

(2)琥珀色警戒通过数据获取集中器(SDAC)产生。

4.3.6　目视和音响警告部件

提醒器由主警告灯、主警戒灯和相关的音响警告组成。主警告灯是红色的,当其闪亮时会伴有连续的音响警告;主警戒灯是稳亮的琥珀色灯,当其被点亮时会伴有单谐音的音响警告;这两个警告灯也有按压复位相应警告的功能。如图 4－21 所示为主警告灯和主警戒灯。

4.3.7　ECAM 转换面板

DMC 转换旋钮设有正常位、机长和副驾驶的备份位。通常放在正常位,此时,DMC1 负责机长的 EFIS 显示和上 ECAM 显示;DMC2 负责副驾驶的 EFIS 显示和下 ECAM 显示;DMC3 作为备份。当选择机长或副驾驶备份位时,由 DMC3 驱动相应的显示。

　　ECAM 转换旋钮设有正常位、机长位和副驾驶位。通常放于正常位,当放于机长或副驾驶位时,可将 ECAM 显示转到机长或副驾驶的导航显示器(ND)上显示。如图 4 - 22 所示为 ECAM 转换面板。

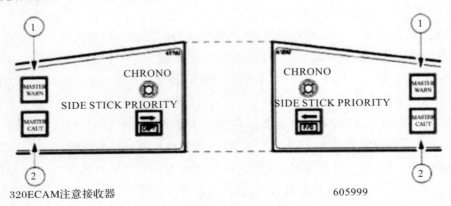

图 4 - 21　主警告灯和主警戒灯

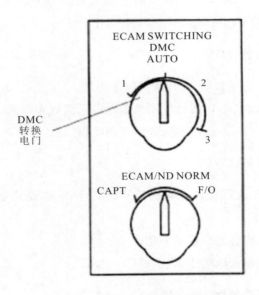

图 4 - 22　ECAM 转换面板

4.4　ECAM 系统显示数据的识读

4.4.1　发动机/警告(E/WD)显示

　　发动机和警告(E/W)显示通常连续显示在上 ECAM 显示器上。E/W 显示分为上、下两个区域:上部区域以模拟/或数字的形式显示发动机的主要参数、机载燃油量和襟翼/缝翼位置;下部区域显示警告信息和备忘信息,如图 4 - 23 所示。

　　警告信息和备忘信息区分为左、右两个区域。备忘信息指的是临时选择的飞机系统或功能信息。左备忘区可显示的信息有:起飞或着陆备忘信息、正常备忘信息、独立或主故障警告信息及相关的执行措施(即检查单)。警告信息的优先权高于备忘信息。正常情况下,警告信息以红色或琥珀色显示,备忘信息或检查单以绿色显示,需要采取措施或需执行的工作以蓝色显示。

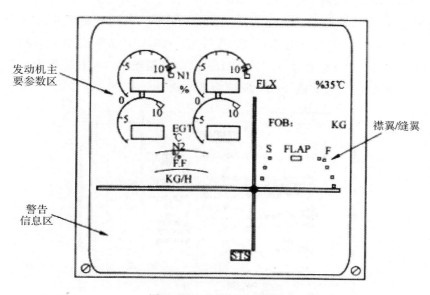

发动机主
要参数区

襟翼/缝翼

警告
信息区

图 4-23　E/W 显示格式

　　右备忘区可显示正常备忘信息和琥珀色次要故障信息。在起飞和着陆期间,为防止分散机组的注意力,不会马上显示警告信息,只显示起飞或着陆抑制信息。

　　在 E/W 显示器上还会显示状态提示符、咨询警告信息和信息溢出符号。状态提示符"STS"表示有状态信息出现,但系统不在状态页。当系统参数超出正常范围时,相应的参数会闪烁,同时会出现闪烁的"ADV"。如果警告信息过多,超过左备忘区显示限制,需要以标题形式显示在右备忘区,会显示一个箭头,如图 4-24 所示。

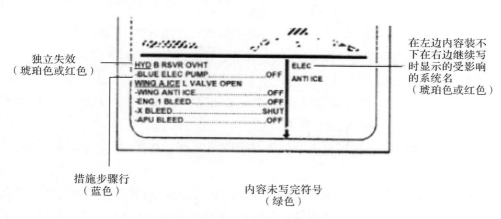

独立失效
(琥珀色或红色)

在左边内容装不
下在右边继续写
时显示的受影响
的系统名
(琥珀色或红色)

措施步骤行
(蓝色)

内容未写完符号
(绿色)

图 4-24　ECAM 备忘和信息显示

4.4.2　系统或状态(SD)显示

系统或状态页通常在下 ECAM 显示器上。显示页分为上、下两个区域,上部区域显示系统页或状态页,在巡航阶段自动显示巡航页;而下部区域仍固定显示温度、时间和质量等参数。

系统页可人工或自动显示,通过按压 ECAM 控制板上的相应按钮,可以显示系统页;或当某一系统有故障时,会自动地显示。系统页包括 ENGINE(次要发动机参)、BLEED(引气)、CAB PRESS(客舱增压)、ELEC(电源)、HYC(液压)、FUEL(燃油)、APU(辅助动力装置)、COND(空调)、DOOR/OXY(舱门/氧气)、WHEEL(起落架刹车地面扰流板等)、F/CTL(飞行操纵)和 CRUISE(巡航)等。如图 4-25 所示为系统状态页面。

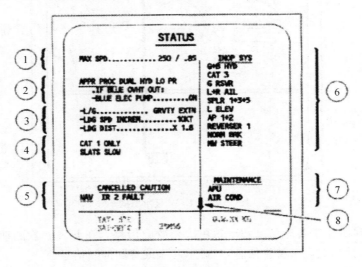

图 4-25　系统状态页面

状态页主要显示飞机系统的工作状态,表明这些系统有缺陷,但没有触发警告,需要采取维护措施,可人工或自动显示。按压 ECAM 控制板上的"状态"按钮即可调出状态页,或当进近时缝翼放出大于两个单位时,状态页自动显示。

上区左部①～④:显示进近程序和通过清除电门所已删除的警告信息。在进近程序中,蓝色文字表示限制参数及可推迟程序,绿色文字表示着陆能力和一些提醒信息。

上区右部⑥:不工作系统和维护信息。不工作系统信息表示该系统由于故障或没有接通,所以处于不工作状态。维护信息栏反映出飞机系统故障状态,影响到飞机的放行,需要维护或根据 MEL 放行。⑦表示白色的维护状态信息。

在左区或右区内容写不下时显示的符号,如图 4-25 所示中⑧,可以连续按压清除键来控制显示的翻滚。

下部区域:固定数据区显示,这些数据以一定的格式显示,不随系统页的变化而变化。显示的信息有:①大气总温和静温,正常显示为绿色,数据无效时为琥珀色;②载荷因子:正常显示空白,如果超过限制值,则会以琥珀色显示;③协调时间:正常显示为绿色,数据无效时为琥珀色;④飞机总质量和重心参数显示:正常为绿色,数据无效时显示琥珀色,在地面时无计算数据,显示为蓝色。

4.5　模拟机训练:A320 型飞机 ECAM 控制面板操作训练

4.5.1　操作相关信息

1.操作依据

AMM 34－66－00。

2.飞机构型

飞机机型为 001。

4.5.2　初始条件

1.接通电瓶,接通地面电源

2.校准惯性基准系统

4.5.3　操作步骤

1.确认飞机已通电:　　　　　□是　　　　　□否

2.确认惯性基准系统已完成校准:　□是　　　　　□否

3.在驾驶舱中找到如图 4－26 所示的 ECAM 控制面板。

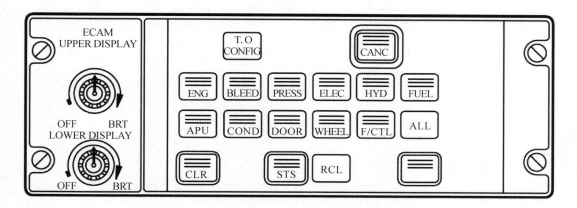

图 4－26　ECAM 控制面板

4.ECAM 控制面板位于:

□头顶面板　　□遮光板　　□ECAM 显示器后方　　□中央操纵台

5.按压控制面板中的页面选择按钮观察各按钮的功能。

6.按照图 4－26 中 ECAM 控制面板按钮名称,选择右侧的功能,将正确的功能代号填入表 4－1 的表格中。

表 4 - 1 ECAM 控制面板按钮名称及功能

序 号	按 钮	按钮功能	按 钮	按钮功能
1	ENG			
2	BLEED			
3	PRESS			
4	ELEC			
5	HYD			
6	FUEL			
7	APU			
8	COND			
9	DOOR			
10	WHEEL			
11	F/CTL			
12	ALL			
13	OLR			
14	STS			
15	RCL			
16	T.O CONFIG			
17	CANC			

A. 起飞形态键——测试飞机是否处于起飞形态,并在 E/WD 上显示测试结果。

B. ECAM 应急警告取消键——取消任何的警告、警戒及相应的警告灯。

C. 全部键——按下并保持,SD 将以每秒一个的速度显示所有的系统。

D. 拷回键——调回已经被按下应急取消按钮抑制的任何警告、警戒信息。

E. 状态键——状态页显示在系统显示器上,并且有三条白色的亮线。

F. 清除键——只要 E/WD 上有警戒、警告或状态信息,它将保持点亮。

G. 发动机页面——手动选择 SD 显示发动机次要参数页面。

H. 机轮页——手动选择 SD 显示机轮参数页面。

I. 燃油页——手动选择 SD 显示燃油系统参数页面。

J. 液压页——手动选择 SD 显示飞机液压系统参数页面。

K. 飞行控制页——手动选择 SD 显示飞机各舵面和安定面的位置。

L. APU 页——手动选择 SD 显示飞机 APU 参数页面。

M. 电源页——手动选择 SD 显示飞机电源系统参数页面。

N. 门页——手动选择 SD 显示飞机各舱门状态页面。

O. 引气页——手动选择 SD 显示飞机引气系统参数页面。

P. 座舱压力页——手动选择 SD 显示座舱压力参数页面。

Q. 空调页——手动选择 SD 显示空调参数页面。

7. 在三维飞机上打开右后客舱门,按压 ECAM 控制面板上"DOOR"键,观察 SD 上右后客舱门的指示状态,其颜色为_____,该指示的标注为_____。

8. 按压 ECAM 控制面板上的"FUEL"键,确认 SD 上显示燃油系统参数页面。

9. 按压头顶面板上 40VU 上"L TK PUMP 1"(左油箱 1 号燃油泵)电门,确认其 OFF 灯处于熄灭状态。观察 SD 上的显示变化,该燃油泵所在的油箱油量为_____KG。

10. 按压 ECAM 控制面板上的"ELEC"键,确认 SD 上显示电源系统参数页面。

11. 在 SD 上观察电源参数,外部电源电压为_____ V,频率为_____ Hz。

12. 按压 ECAM 控制面板上"APU"键,确认 SD 上显示 APU 参数页面。

13. 启动 APU,等待 APU 启动完毕后,观察 SD 上显示的 APU 排气温度为_____℃。

14. 按压 ECAM 控制面板上的"BLEED"键,确认 SD 上显示引起系统参数页面。

15. 在头顶面板 30VU 上找到"APU BLEED"电门,按压该电门,并确保该电门上的"ON"灯点亮,"ON"灯的颜色为_____色。

16. 在 SD 上观察引气系统参数,当前状态下,向左发传输的引气为_____ PSI,_____ ℃。

17. 按压 ECAM 控制面板上的"COND"键,确认 SD 上显示空调系统参数页面。

18. 在头顶面板 30VU 上找到"PACK1"和"PACK2"电门,按压这两个电门,确保这两个电门上的"OFF"指示灯和"FAULT"指示灯均熄灭。

19. 观察 SD 上空调系统的参数,此时驾驶舱、前客舱和后客舱的温度分别为_____ ℃、_____ ℃、_____ ℃。

20. 将头顶面板 30VU 上标识为"AFT CABIN"的开关置于 9 点钟位置,观察 SD 上空调系统的参数,此时驾驶舱、前客舱和后客舱的温度分别为_____℃、_____ ℃、_____ ℃。

21. 按压 ECAM 控制面板上的"WHEEL"键,确认 SD 上显示机轮参数,观察 SD 上的机轮参数,4 号主轮的胎压为_____ PSI。

22. 按压 ECAM 控制面板上的"F/CTL"键,确认 SD 上显示各舵面位置参数。

23. 在头顶面板上 40VU 上找到"ELEC PUMP"电门,按压该电门,确保该电门"ON"灯亮,该指示灯的颜色为_____。

24. 向前推机长位操纵杆,并保持,观察此时 SD 显示器上升降舵位置指针向_____方移动。

25. 按压 ECAM 控制面板上的"ALL"键,并保持按压状态,观察 SD 上的显示顺序,在燃油页面之后显示的页面为_____页。

26. 按压 ECAM 控制面板上的"T.O. CONFIG"键,观察 E/WD 上新增的红色警告为

_____

27. 观察此时 ECAM 控制面板上以下按键上的绿色指示灯的状态:

"CLR"键指示灯: □点亮 □熄灭
"STS"键指示灯: □点亮 □熄灭

28. 打开跳开关面板,在驾驶舱头顶面板上找到 49VU,打开跳开关 A6"FIRE LOOP A"和跳开关 A7"FIRE LOOP B",观察 E/WD 上新增的琥珀色的警告为

_____

29. 观察此时 ECAM 控制面板上以下按键上的绿色指示灯的状态:

"CLR"键指示灯: □点亮 □熄灭
"STS"键指示灯: □点亮 □熄灭

30. 连续按压"CLR"键,直至 E/WD 上的琥珀色警告信息全部消失。

31. 观察 SD 上"CANCELLED CAUTION"包括:

_____

32. 观察此时 ECAM 控制面板上以下按键上的绿色指示灯的状态:

"CLR"键指示灯: □点亮 □熄灭
"STS"键指示灯: □点亮 □熄灭

33. 按压 ECAM 控制面板上"RCL"键,此时"ENG1 FIRE LOOP A FAULT"和"ENG2 FIRE LOOP B FAULT"两条警告信息显示在:

□E/WD □SD

34. 观察此时 ECAM 控制面板上以下按键上的绿色指示灯的状态:

"CLR"键指示灯: □点亮 □熄灭
"STS"键指示灯: □点亮 □熄灭

35. 将 49VU 上的 A6 和 A7 跳开关复位。

第5章 电子飞行仪表系统

5.1 EFIS 系统的组成及功能

电子仪表系统(EIS)用电子显示取代传统的机械仪表指示,在现代飞机上被广泛采用。系统的特点是所有信息全部输入显示管理计算机或符号发生器,通过控制板选择需要显示的所有信息。只需改变软件就可追加或变更显示信息。由于没有机械驱动部分,可维持非常高的可靠度。

电子仪表系统分为两部分,一部分是电子飞行仪表系统(EFIS),另一部分是电子中央监控系统(ECAM)。

提供主飞行仪表和导航仪表功能的 EFIS 是一种综合的彩色电子显示系统,完全取代了独立式的机电式地平仪、航道罗盘、电动高度表、马赫空速表和其他机电式仪表等,可提供最重要的飞行信息。它们的显示由多余度计算机来驱动,机组可以通过相应的控制面板来控制它们的显示与转换,如图 5-1 所示。

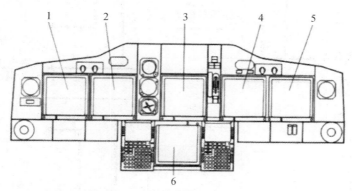

1—机长外侧显示组件; 2—机长内侧显示组件; 3—上显示组件;
4—驾驶内侧显示组件; 5—副驾驶外侧显示组件; 6—下显示组件

图 5-1 综合电子仪表指示

EFIS 系统所显示的信息十分广泛,其主要显示内容如下。

(1)主要飞行参数:如飞机姿态、高度信息、速度信息、自动驾驶仪(A/P)和自动油门(A/T)的衔接状态及工作方式,甚至重要的警告信息等。

(2)主要的导航信息:各种导航参数和飞行计划等。

(3)系统的故障信息。

5.1.1 EFIS 系统的组成

EFIS 系统主要由显示组件(DU)、EFIS 控制板,CP 和信号处理器等组成。

显示组件主要用于显示信息,EFIS 控制板主要用于选择显示格式,调整显示距离等。信号处理器主要用于接收和处理有关系统输入信号,并产生视频信号,驱动显示组件。

显示组件的数量和信号处理器的数量在不同的飞机上有所不同,名称也有所不同。但主要功能几乎相同。

在有些小型飞机上,有 2 个信号处理器、2 个或 3 个显示组件。处理器一般被称为系统综合处理器或集成航电组件,显示器则被称为主飞行晶示器(Primary Flight Display,PFD)和多功能显示器(Multi - Function Display,MFD)。主飞行显示器安装在左/右仪表板上,多功能示器安装在中央仪表板上。如图 5 - 2 所示是具有 2 个综合航电组件和 2 个显示组件的 EFIS 系统的组成。在小型飞机上,由于空间有限,一般将控制组件集成在显示组件的边沿,形成显示和控制的组合组件。

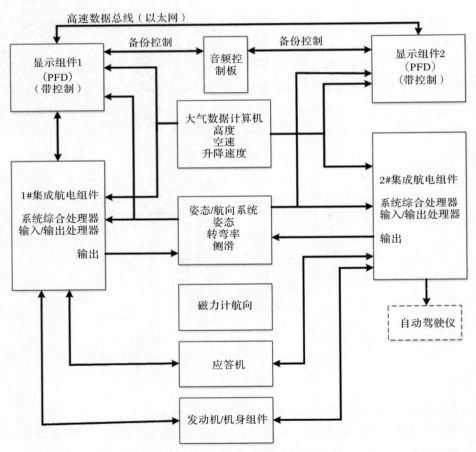

图 5 - 2 具有 2 个综合航电组件和 2 个显示组件都 EFIS 系统的组成仪表板布局。

在大型飞机上,一般有 6 个显示组件、2 个或 3 个信号处理器、2 个 EFIS 控制板。有些飞机上将信号处理器称为符号发生器(SG),而在某些飞机上则将信号处理器称为显示管理计算机(DMC)。

在 6 个显示器中,只有安装在左仪表板上和右仪表板上的 4 个显示组件是 EFIS 显示组件,而安装在中央仪表板上的 2 个显示组件则主要用于显示发动机参数和飞机各系统的状态等。

在一些飞机上将 EFIS 的 4 个显示组件称为电子式资态指引指示器(EADI2 个)和电子式水平状态指示器(EHSI2 个)。而在另外一些飞机上,则将这 4 个显示组件称为主飞行显示器(PFD2 个)和导航显示器(ND2 个)。一般情况下,EADI 和 EHSI 按上下关系排列,EADI 在上方,EHSI 在下方;PFD 和 ND 则按外侧和内侧关系排列,PFD 在外侧,ND 在内侧。

如图 5-3 所示是具有 3 个符号发生器、2 个 EADI、2 个 EHSI,以及 2 个 EFIS 控制板的 EFIS 系统的组成和仪表板布局。在该 EFIS 系统的组成中还包含有远距光传感器,其主要功能是根据外界环境的亮度自动调整显示组件的亮度。

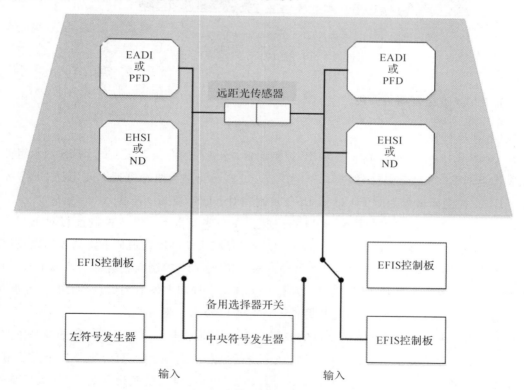

图 5-3　具有 4 个显示组件和 3 个符号发生器的 EFIS 系统的组成和仪表板布局

如图 5-4 所示是具有 3 个显示管理计算机、2 个 PFD、2 个 ND 以及 2 个 EFIS 控制板的 EFIS 系统的组成和仪表板布局。在该图中,用虚线遮盖的组件不属于 EFIS 系统,但和 EFIS 系统密切相关。

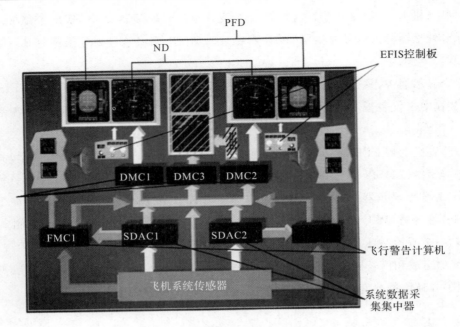

图 5-4　具有 3 个显示管理计算机、4 个 EFIS 显示
组件的 EFIS 系统的组成和仪表板布局

5.1.2　EFIS 控制面板介绍

1. EFIS 控制面板

在 EFIS 飞机上，一般具有 2 个 EFIS 控制面板，分别控制左仪表板上的 EFIS 显示组件和右仪表板上的 EFIS 显示组件，如图 5-5 和图 5-6 所示分别为两种机型上使用都 EFIS 控制面板。EFIS 控制面板分为对 EADI 或 PFD 控制和对 EHSI 或 ND 控制。

（1）EFIS 控制面板对 EADI 或 PFD 的控制。在一些飞机上，EFIS 控制面板对 EADI 或 PFD 的控制是设置在 EADI 或 PFD 上显示的最低高度（决断高度或最低下降高度），以及使决断高度警告复位，如图 5-5 所示。而在另外一些飞机上，EIS 控制面板对 EADI 或 PFD 的控制则是选择是否在 EADI 或 PFD 上显示飞行指引仪指令杆和 ILS 有关信息，如图 5-6 所示。此外，通过 EFIS 控制面板还可以人工调节 EADI 或 PFD 显示器的亮度。

（2）EFIS 控制面板对 EHSI 或 ND 的控制。EFIS 控制面板对 EHSI 或 ND 的控制主要是选择 EHSI 或 ND 的显示格式；选择 EHSI 或 ND 的显示范围；选择 EHSI 或 ND 上是否显示气象雷达信息和交通信息；选择 EHSI 或 ND 上是否显示无线电助航设备的符号、机场符号、航路数据和航路点符号等。此外，通过 EFIS 控制面板还可以人工调节 EHSI 或 ND 显示器的亮度。

2. EFIS 控制

EFIS 的控制包括 EFIS 控制面板、显示源控制面板和显示选择面板。

（1）EFIS 控制面板。EFIS 控制板分为飞行仪表控制部分和导航控制部分，其作用是控制

PFD 和 ND 的显示内容、显示方式、显示范围等。左 EFIS 控制面板控制机长外侧和内侧显示组件,右 EFIS 控制面板控制副驾驶外侧和内侧显示组件。

1)PFD 控制部分。

PFD 控制部分如图 5-7 所示。

a.最低(MINS)高度选择器(外圈,双位)。RADIO 表示选择无线电高度作为最低标准;BARO 表示选择气压高度作为最低标准。

b.最低高度选择器(中间,旋转)。旋转可调整无线电或气压最低高度。

c.无线电最低(MINS)高度重置(RST)电门(内圈、瞬间)。按压可重置最低标准警报,如果警报不工作,最低标准显示空白。

d.米制(MTRS)电门(瞬间)。按压可使高度以 m 为单位显示。

e.气压(BARO)基准选择器(外圈,双位)。IN 表示选择英寸/水银柱作为气压高度基准;HPA 表示选择百帕作为气压高度基准。

f.气压(BARO)选择器(中间,旋转)。可通过旋转调整高度带上的气压高度调和预选BARO 基准。

g.气压(BARO)标准(STD)电门(内圈,瞬间)。按压可选择标准气压调定(29.92 inHg/1 013Hpa)作为气压高度基准。如果显示 STD,则选择预选的气压基准;若无预选的气压基准显示,则显示选择 STD 前的最后一个数值。

h.飞行轨迹矢量(FPV)电门(瞬间)。按压可在姿态指引上显示飞行轨迹矢量。

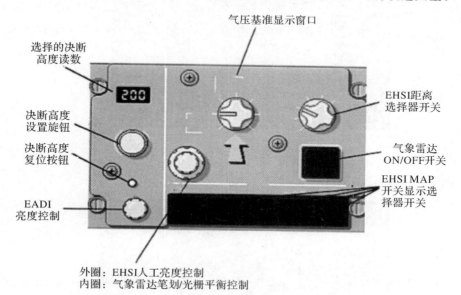

图 5-5　EFIS 控制面板 1

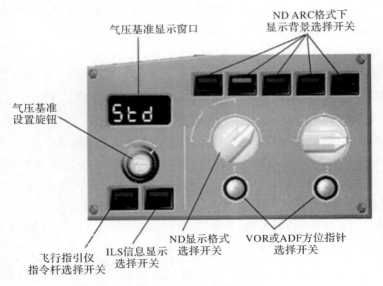

图 5-6　EFIS 控制面板 2

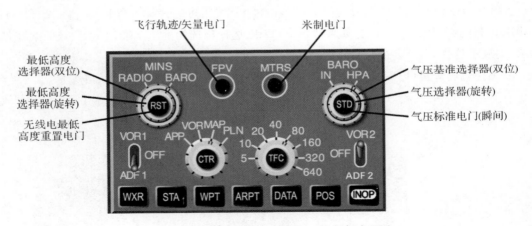

图 5-7　EFIS 控制面板控制——飞行仪表显示

2)ND 控制部分。ND 控制部分如图 5-8 所示。

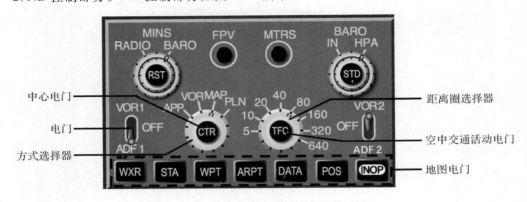

图 5-8　EFIS 控制面板控制-导航显示

a. VOR/ADF 电门（3 个位置）。除计划外的所有导航方式上显示 VOR 或 ADF 信息。

VOR——显示所选 VOR 的方位指针、频率或识别。

OFF——清除 VOR 或 ADF 显示。

ADF——显示所选 ADF 指针和 ADF 频率或识别。

b. 方式选择器（外圈）。选择按 APP，VOR，MAP 和 PLN 等格式显示。

c. 中心（CTR）电门（内圈）。按压可显示 APP，VOR 和 MAP 方式的全罗盘刻度，继续按压则在扩展显示和中心显示之间交替。

d. 距离圈选择器（外圈）。选择 APP、VOR、MAP 或 PLN 方式时的距离圈，以海里为单位。

e. 空中交通活动（TFC）电门（内圈）。按压可在导航显示上显示 TCAS 信息。

f. 地图电门（瞬间）。地图电门，用于为地图和地图中心方式增添背景数据/符号，可同时选择显示，第二次按压可清除这些信息。包括 WXR，STA，WPT，ARPT，DATA 和 POS 等格式。

（2）显示源控制板。显示源面板如图 5-9 所示。

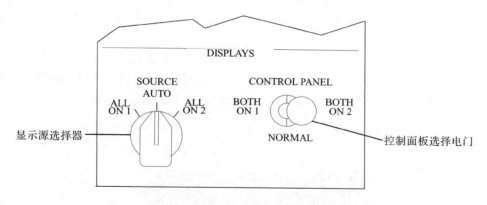

图 5-9　FFS 显示源面板

1）显示源选择器。AUTO 位表示 DEU1 控制机长外侧、内侧和上显示组件；DEU2 控制副驾驶内侧外侧和下显示组件。一个 DEU 失效时，另一个 DEU 控制所有显示组件。

ALL ON1/ALL ON2 位表示提供人工转换至单一 DEU 的方法并作为所有 6 个显示组件的信息源。

2）控制面板选择电门。NORMAL 位表示左 EFIS 控制面板控制机长显示，右 EFIS 控制面板控制副驾驶显示。

BOTH ON 1/BOTH ON2 位表示提供人工转换机长和副驾驶显示至单一 EFIS 控制面板的控制方法。

（3）显示选择面板。显示选择面板如图 5-10 所示。

1）主面板显示组件选择器，用于选择各自内、外侧显示组件的显示内容。

OUTBD PFD 位表示外侧显示 PFD，内侧空白；NORM 位表示外侧 PFD，内侧 ND；INBD ENG PRI 位表示内侧显示主要发动机仪表，外侧显示 PFD。INBD PFD 位表示内侧显示

PFD,外侧空白;INBD MFD 位表示外侧显示 PFD,内侧空白。而且在发动机显示控制面板上的 MFD 电门未选择 SYS 或发动机次方式(ENG)之前,内侧显示组件直空白。

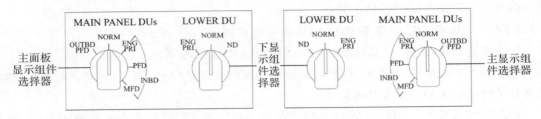

图 5-10 EFIS 显示选择面板

2)下显示组件(LOWER DU)选择器,用于选择下显示组件上显示的内容。

ENG PR1 位表示下显示组件显示主要发动机仪表,上显示组件空白;NORM 位表示显示组件通常空白或显示发动机显示控制面板选择的 MFD 格式;ND 位表示下显示组件上为导航显示。

3. EFIS 的显示信息

EFIS 主要显示飞机的飞行参数和导航参数。飞行参数显示在 EADI 或 PFD 上,导航信息显示在 EHSI 或 ND 上。各显示组件的具体显示信息在不同的飞机上稍微有些不同,但基本信息还是基本相同的。

(1)电子式姿态指引指示器(EAD1)的显示信息。EADI 通常位于两个飞行员前面的仪表板上,两个显示组件中上面的那个,主要显示飞机当前的飞行参数。EADI 的典型显示如图 5-11和图 5-12 所示。EADI 上显示的基本信息包括以下几项:

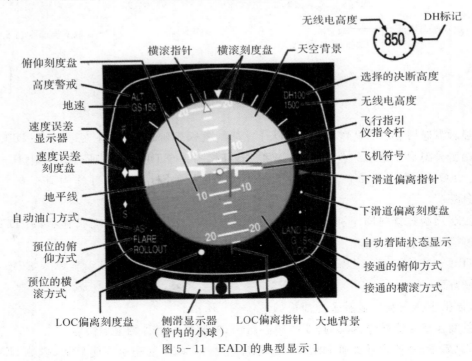

图 5-11 EADI 的典型显示 1

1）姿态（俯仰和横滚）。

2）飞行指引仪的指令杆。

3）航向道偏离和下滑道偏离。

4）速度误差（见图 5-11）或速度带（见图 5-12）。

除上面提到的要飞行参数以外，EADI 还可以提供一些附加显示。这些附加显示包括以下几项。

1）自动飞行方式通告（例如：自动油门）。

2）地速。

3）迎角。

4）无线电高度。

5）决断高度（DH）。

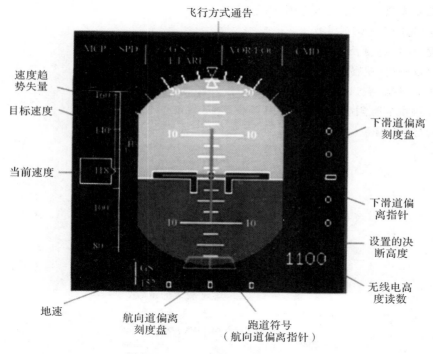

图 5-12　EADI 的典型显示 2

（2）EADI 的姿态和飞行指引仪资态指引显示。在 EADI 显示屏的中心部分显示的是飞机的姿态。它表示飞机目前的实际俯仰姿态角和横滚姿态角。飞机符号在显示屏的中央，飞机符号在俯仰刻度盘上对应的读数为飞机的俯仰姿态角，人工地平线相对于飞机符号转动的角度代表飞机的横滚姿态角。姿态由惯性基准系统提供。天空用蓝色表，大地用褐色表示。在飞行前检查期间以及"ATT"警告旗出旗时，并不能获得姿态数据。

（3）电子飞行仪表系统（EFIS）显示。空客系列飞机的 EFIS 主要包括 PFD 和 ND，在综合电子仪表中的布局如图 5-13 所示。

1）主飞行显示器 PFD。PFD 主要用于显示飞机的姿态和姿态指引，以及一些附加信息。如图 5-14 所示为 PFD 的显示格式。

a.显示区间上方区域。PFD的上方为飞行方式通告牌,用于通告自动油门方式、俯仰方式、横滚方式、自动驾驶和飞行指引状态。

b.显示区间左侧区域。PFD的左边为速度带,用于显示有大气数据计算机提供的速度信息。在速度带上,指针不动,速度带滚动。此外,该区域还可以显示起飞时的起飞基准速度、决断速度(v_1)、抬机轮速度(v_R)、目标速度(v_2)、着陆基准速度、限制速度、襟翼机动速度等。

c.显示区间右侧区域。PFD的右边为飞机的气压高度和垂直速度带。

d.显示区间下方区域。FD的下方为飞机的航向航迹指示。进近时,在姿态显示区的下方和右方还将显示LOC和G/S偏离,在速度带的下方显示盲降频率和DME信息。

e.PFD仪表指示。

PFD仪表指示如图5-15所示。

· 飞行方式通告(见图5-15中①)。

· 飞机姿态及引导信息(见图5-15中②)。

· 空速(见图5-15中③)。

· 高度(气压高度及无线电高度)及垂直速度(见图5-15中④)。

· 航向及航迹(见图5-15中⑤)。

· 无线电导航信息(ILS,DME)(见图5-15中⑥)。

· 气压高度基准值(见图5-15中⑦)。

· 马赫数(见图5-15中⑧)。

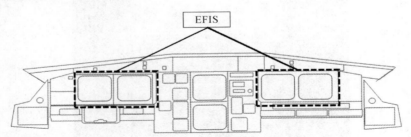

图5-13 综合电子仪表的布局图

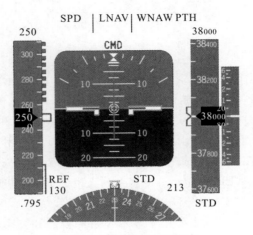

图5-14 PFD的显示格式

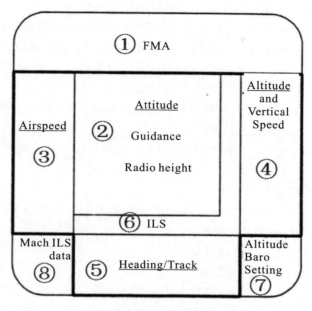

图 5 - 15　PFD 仪表指示

2) PFD 的故障显示。除正常的显示内容外,PFD 还通过故障旗指示源系统故障或无计算信息,图 5 - 16 所示,详细的故障含义如下。

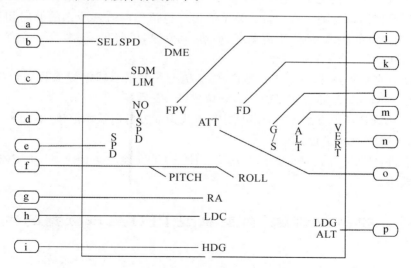

图 5 - 16　PFD 的故障旗指示

a. 距离测量设备(琥珀色):DME 系统故障。

b. 选定的速度(琥珀色):选择的空速数据无效。

c. 速度限制旗(琥珀色):与抖杆器或最大操作速度有关的显示故障。如果抖杆器警告失效,则红色和黑色抖杆器速度杆消失;如果最大操作速度失效,则红色和黑色的最大操作速度杆消失。

d. 无 V 速度旗(琥珀色):V1(决断速度)或 VR(抬轮速度)没有输入或无效。

e. 速度旗(琥珀色):速度指示失效。所有指示标记消失。

f. 俯仰/横滚比较仪显示(琥珀色):当机长和副驾驶的俯仰角显示相差大于 5 时。显示 PTCH(俯仰);当机长和副驾驶的横滚角显示相差大于 5 时,显示 ROLI(横滚)。旗闪亮10 s 然后保持稳定。

g. 无线电高度旗(琥珀色):无线电高度显示故障。

h. 航向道旗(琥珀色):调谐 ILS 频率并且任姿态指示器上的 ILS 航向道偏离显示故障。

i. 航向旗(琥珀色):航向信息故障。

j. 飞行航迹矢量旗(琥珀色):在 FFIS 控制板上选择 FPV,但已失效。若解除选择 HPV,则故障旗消失。

k. 飞行指引旗(琥珀色):飞行指引故障。

l. 下滑道旗(琥珀色):调谐 ILS 频率并且在姿态指示器上的 ILS 下滑道偏离显示故障。

m. 高度旗(琥珀色):高度显示故障。

n. 垂直速度旗(琥珀色):垂直速度故障,

o. 姿态旗(琥珀色):姿态显示故障。

p. 着陆高度旗(琥珀色):着陆高度输入不可用或无效。

3) 导航显示器 ND。导航显示器上的显示由 EFIS 控制板上的方式选择旋钮选择。ND 提供可选式彩色飞行进程显示,显示方式包括 MAP,VOR,APP 和 PLN,其中 MAP,VOR 和 APP 方式可在半罗盘的扩展方式和全罗盘的中心方式之间转换。

a. Map 方式。一般情况下,建议在大多数飞行阶段使用 MAP 方式。该方式下前方航迹呈现相对于航路地图移动的飞机位置。显示的信息包括当前航迹所选的航向和当前航向、位置趋势、距所选高度的距离、地图距离刻度、地速、真空速、风向和风速距下一个航路点的距离、航路点预达时间、所选的导航数据点。

导航数据点在扩展的地图方式和地图中心方式下可显示辅助导航设备(STA)、航路点(WPT)、机场(ARPT)、航路进程(DATA)和位置(POS)数据。

b. VOR 和 APP 进近方式。VOR 和 APP 方式为前方航向显示航迹、航向和 VOR 导航情况下的风向、风速或 ILS 进近信息。

c. 计划方式。PLN 方式以正上方为真北。使用 CDU 航段页面上的 SIEP(梯级)提示键可看到生效航路。

5.2 模拟机训练:典型机型 PFD 显示数据的识读

5.2.1 操作相关信息

1. 操作依据

AMM31-64-00。

2. 飞机构型

001。

5.2.2　初始条件

接通电瓶,接通地面电源。

5.2.3　操作步骤

1. 观察图 5－17(PFD 显示区域的划分),并将其中的英文翻译成中文。

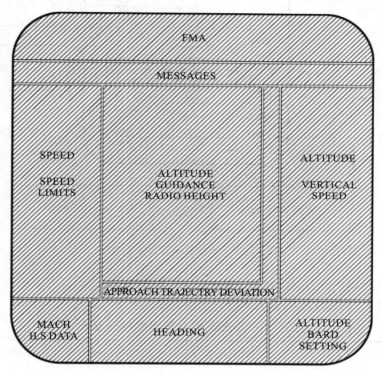

图 5－17　PFD 显示区域的划分

(1)FMA：_____

(2)MESSAGES：_____

(3)SPEED /SPEED LIMITS：_____

(4)ATTITUDE INDICATION：_____

(5)ALTITUDE/ VERTICAL SPEED：_____

(6)APPROACH TRAJECTORY DEVIATION：_____

(7)MATCH/ILS DATA：_____

(8)HEADING：_____

(9)ALTITUDE BARO SETTING：_____

2. 观察图 5－18(PFD 显示数据说明),掌握 PFD 各显示数据的含义。

3. 观察模拟机驾驶舱中的两个 PFD,此时 PFD 的显示状态为(　　)

A. 黑屏　　　B. 显示若干个故障旗　　　C. 正常显示

4. 在模拟机头顶面板上将"ADIRS"面板中的三个"OFF/NAV/ATT"电门,均置于

"NAV"位。

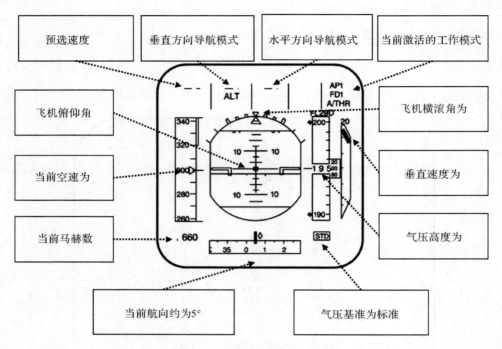

图 5-18　PFD 显示数据示意图

5. 在模拟机控制界面上,点击按钮,快速校准惯性⊙基准系统。

6. 观察机长和副驾驶位的 PFD,并将观察结果填在表 5-1 中。

表 5-1　驾驶舱 PFD 显示数据记录表

	CAPT PFD	F/O PFD
空速		
高度		
航向		
垂直速度		
俯仰角		
横滚角		
马赫数		
气压基准		

7. 启动 APU。

8. 断开地面电源、关闭地面电源车。

9. 启动飞机发动机。

10. 执行飞机起飞程序，并在飞机起飞后，将 FCU（位于遮光板）上的预选航向设置为 "330°"，预设空速设置为 "280 kn"（1 kn≈1.852 km/h），预选高度设置为 "5 000 ft（1 ft＝0.304 8 m）"，垂直速度设置为 "800 ft·min^{-1}"，按压 FCU 上的 AP1 电门，激活自动驾驶 1。

11. 此时 FCU 上的 AP1 电门绿灯是否点亮？

□ 是　　　　　　　　□ 否

12. 观察机长和副驾驶位的 PFD，并将观察结果填在表 5 - 2 中。

表 5 - 2　驾驶舱 PFD 显示数据记录表

	CAPT PFD	F/O PFD
空速		
高度		
航向		
垂直速度		
俯仰角		
横滚角		
马赫数		
气压基准		

13. 将 FCU 上的预选高度设置为 "4 000 ft"，待飞机维持在 4 000 ft 时，记录飞机左右 PFD 上显示的气压基准分别为_____和_____。

14. 将 FCU 左侧 EFIS 控制面板上的 "inHg/HPa" 电门置于 "HPa" 位，并旋转气压基准调节旋钮将其数值设置为 "1 007 HPa"，此时，左右 PFD 上的气压基准分别为_____和_____。

左右 PFD 上的气压高度分别为_____和_____。

15. A320 飞机达到预选高度后，此时更改气压基准，飞机自动驾驶系统是否会调节飞机自身高度以适应新的气压基准？

□ 是　　　　　　　　□ 否

16. 若某机场的场压为 1 005 HPa，此时飞机与该机场在垂直方向的相对高度为_____。

5.3　模拟机训练：典型机型 ND 显示数据的识读

5.3.1　操作相关信息

1. 操作依据

AMM 31－65－00。

2. 飞机构型

001。

5.3.2 初始条件

1. 接通电瓶,接通地面电源。
2. 校准惯性基准系统。

5.3.3 操作步骤

1. 确认飞机已通电：   □是   □否

2. 确认惯性基准系统已完成校准：   □是   □否

3. 观察机长位 ND,ND 的状态为

□黑屏   □有显示但仍有故障旗   □有数据显示

4. 将位于机长 EFIS 控制面板上的"ILS/VOR/NAV/ARC/MAP"电门分别置于"ILS"位、"VOR"位、"NAV"位、"ARC"位、"MAP"位,并将显示半径选择为 80 n mile,观察机长位 ND,将图 5-19 对应的 ND 显示模式的代号填写于表 5-3。

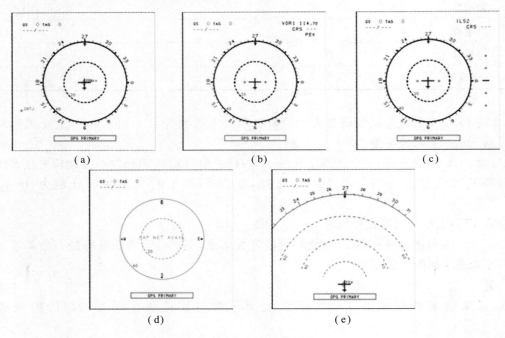

图 5-19 机长位 ND(一)

表 5-3 机长位 ND 显示模式代码记录表(一)

电门位置	"ILS"位	"VOR"位	"NAV"位	"ARC"位	"MAP"位
ND 显示					

5. 将机长位 EFIS 控制面板上的显示半径调节到 20 nmile,将"ILS/VOR/NAV/ARC/MAP"电门置于"NAV"位。

6.分别按压机长位 EFIS 控制面板上的"CSTR"电门、"WPT"电门、"VOR. D"电门、"NDB"电门、"APRT"电门,观察 ND 的显示结果,将图 5-20 对应的显示结果记录于表 5-4.

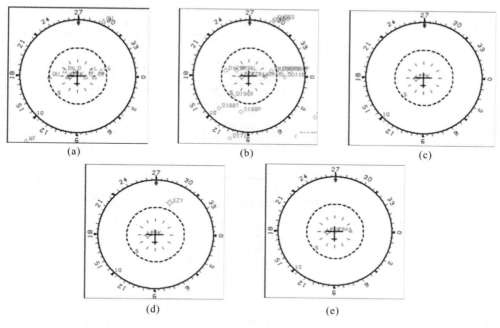

图 5-20　机长位 ND(二)

表 5-4　机长位 ND 显示模式代码记录表(二)

电门位置	"CSTR"	"WPT"	"VOR. D"	"NDB"	"APRT"
ND 显示					

7.观察图 5-21 中的图例,掌握 ND 各显示数据的含义,并完成后面的练习:

(1)对机长位 EFIS 控制面板做如下设置:

1)将"ILS/VOR/NAV/ARC/MAP"电门置于"NAV"位。

2)将显示半径设置为 20 nm。

3)将 1 号"ADF/VOR"电门置于"VOR"位。

4)按压"VOR. D"功能键。

(2)观察机长 ND,将观察到的数据填写在表 5-5 中。

表 5-5　机长位 ND 观察数据记录表(一)

序　号	数据名称	数据内容
1	飞机的航向	
2	1 号导航此时选用的导航设备	
3	VOR1 导航台的名称	
4	距离 VOR1 导航台的距离	

续 表

序 号	数据名称	数据内容
5	地速	
6	真空速	
7	1号导航台的相对方位	

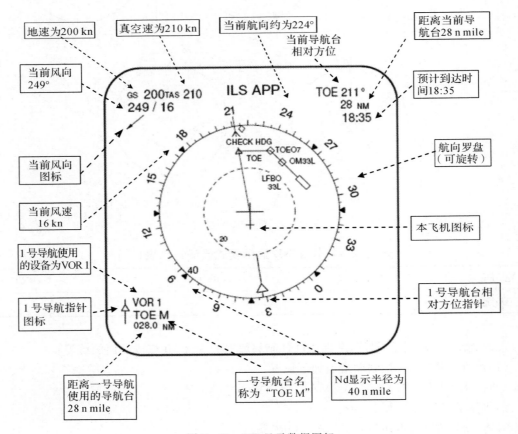

图 5-21 ND 显示数据图解

8.启动 APU。

9.断开地面电源、关闭地面电源车。

10.启动飞机发动机。

11.执行飞机起飞程序,并在飞机起飞后,将 FCU(位于遮光板)上的预选航向设置为"330°",预设空速设置为"280 kn",预选高度设置为"5 000 ft",垂直速度设置为"800 ft·min⁻¹",按压 FCU 上的 AP1 电门,激活自动驾驶 1。

12.此时 FCU 上的 AP1 电门绿灯是否点亮?

□是   □否

13.观察机长 ND,将观察到的数据填写在表 5-6 中。

表 5 - 6　机长位 ND 观察数据记录表（二）

序　号	数据名称	数据内容
1	飞机的航向	
2	1 号导航此时选用的导航设备	
3	VOR1 导航台的名称	
4	距离 VOR1 导航台的距离	
5	地速	
6	真空速	
7	1 号导航台的相对方位	

5.4　B737 - 800 型飞机 CDS 系统工作原理

5.4.1　概述

在驾驶舱内的 6 个显示组件上通用显示系统（CDS）以多种不同的方式显示性能、导航和发动机资料。

CDS 系统在驾驶舱内的显示器如图 5 - 22 所示

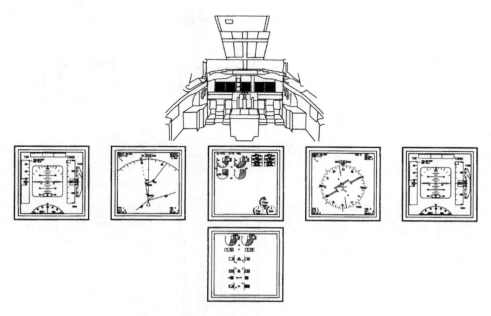

图 5 - 22　CDS 系统在驾驶舱内的显示器

5.4.2　外部接口

CDS 的计算机是电子显示组件(DEU)。很多电子和飞机系统与 DEU 相连。这些系统向
DEU 提供 ARINC 429,模拟离散数据。DEU 也向这些系统提供 ARINC 429,模拟离散数据。

5.4.3　系统组成

下列是通用显示系统的部件。
(1)两个显示选择面板。
(2)一个发动机显示控制面板。
(3)两个 EFIS 控制面板。
(4)两个显示源选择器。
(5)两个电子显示组件(DEUs)。
(6)四个同轴连接器。
(7)六个识别显示组件(DU)。
(8)两个亮度控制面板。
(9)两个远光灯传感器。

5.4.4　系统功能

DEU 从很多电子和飞机系统中采集数据,并将其变换成视频信号,用同轴电缆输出。同
轴连接器将这些信号分离并将数据传送到 6 个显示组件。两个 DEU 向所有 6 个显示组件提
供数据。DEU 也是一些电子系统和飞机系统的接口。例如:DEU 从电子发动机控制器
(EEC)和 APU 接收 BIE 数据,并将其传送到飞行管理计算机。也将 EEC 数据送给其他电子
系统,如图 5-23 所示。

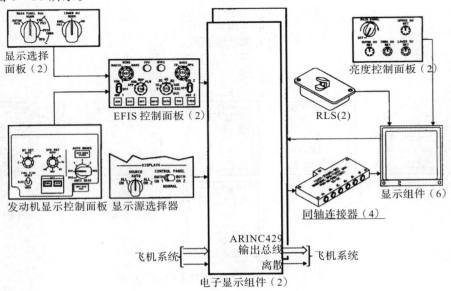

图 5-23　CDS 系统原理图

5.4.5　CDS 系统的显示源选择

CDS 系统的显示源选择可以选择控制显示的
DEU,显示源选择面板如图 5-24 所示。CDS 系统
显示器与 DEU 的驱动关系见表 5-7。维护时,使用
电门可以快速发现是否有 DEU 失效或部分失效。
如果显示数据有误或想知道显示数据是否有错误,
机组可以使用该电门。当选择器位于自动位时,
DEU1 控制机长和中央上部显示组件,DEU2 控制

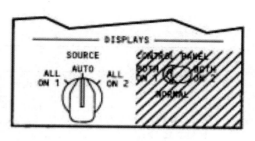

图 5-24　显示源选择面板

副驾驶和中央下部显示组件,这是在都无故障时。如果某个 DEU 的任何图形产生器(GG)电
路板组件(CCA)失效,DEU 自动转换控制显示组件的 GG CCA。当选择器位于 ALL ON 1
(全在 1)位时,DEU1 控制所有 6 个显示组件。当选择器位于 ALL ON2(全在 2)位时,DEU2
控制所有 6 个显示组件。

表 5-7　CDS 系统显示器与 DEU 的驱动关系

选择器位置		DU					
		左外侧	左内侧	上部中央	下部中央	右内侧	右外侧
自动	失效 NONE	DEU1 GGA	DEU1 GGA	DEU1 GGB	DEU2 GGA	DEU2 GGB	DEU2 GGB
	DEU1 GGA	DEU1 GGB	DEU1 GGB	DEU2 GGA	DEU2 GGA	DEU2 GGB	DEU2 GGB
	DEU1 GGB	DEU1 GGA	DEU1 GGA	DEU2 GGA	DEU2 GGA	DEU2 GGB	DEU2 GGB
	DEU2 GGA	DEU1 GGA	DEU1 GGA	DEU1 GGB	DEU1 GGB	DEU2 GGA	DEU2 GGA
	DEU2 GGB	DEU1 GGA	DEU1 GGA	DEU1 GGB	DEU1 GGB	DEU2 GGA	DEU2 GGA
	DEU1 GGA&B	DEU2 GGA	DEU2 GGA	DEU2 GGA	DEU2 GGB	DEU2 GGB	DEU2 GGB
	DEU2 GGA&B	DEU1 GGA	DEU1 GGA	DEU1 GGA	DEU1 GGB	DEU1 GGB	DEU1 GGB
	DEU1GGA DUE2GGA	DEU1 GGB	DEU1 GGB	DEU1 GGB	DEU2 GGB	DEU2 GGB	DEU2 GGB
	DEU1GGA DUE2GGB	DEU1 GGB	DEU1 GGB	DEU1 GGB	DEU2 GGA	DEU2 GGA	DEU2 GGA
	DEU1GGB DUE2GGA	DEU1 GGA	DEU1 GGA	DEU1 GGA	DEU2 GGB	DEU2 GGB	DEU2 GGB
	DEU1GGB DUE2GGB	DEU1 GGA	DEU1 GGA	DEU1 GGA	DEU2 GGA	DEU2 GGA	DEU2 GGA

续 表

选择器位置	DU					
	左外侧	左内侧	上部中央	下部中央	右内侧	右外侧
ALLON1	DEU1 GGA	DEU1 GGA	DEU1 GGA	DEU1 GGB	DEU1 GGB	DEU1 GGB
ALLON2	DEU2 GGA	DEU2 GGA	DEU2 GGA	DEU2 GGB	DEU2 GGB	DEU2 GGB

5.4.6 CDS 系统控制面板选择电门

控制面板在选择电门时可以选择用哪个 EFIS 控制面板控制 PFD 和 ND 显示,CDS 系统控制面板选择电门是一个三位置时节电门(见图 5-25),其功能见表 5-8。当电门在正常位时,机长的 EFIS 控制面板控制机长的 PFD 和 ND 显示,副驾驶 EFIS 控制面板控制副驾驶的 PFD 和 ND 显示。当电门在 BOTH ON 1(两个都在位置 1)时,机长的 EFIS 控制面板控制机长和副驾驶的 PFD 和 ND 显示。当电门在 BOTH ON 2(两个都在位置 2)位时,副驾驶的 EFIS 控制面板控制机长和副驾驶的 PFD 和 ND 显示。

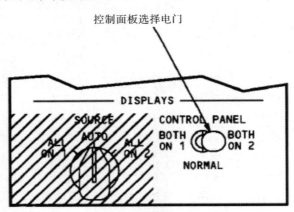

图 5-25　CDS 系统控制面板选择电门

表 5-8　CDS 系统控制面板选择电门的功能

电门位置	显示	
	机长显示	副驾驶显示
正常	机长 EFIS 控制板	副驾驶 EFIS 控制板
两个在位置 1	机长 EFIS 控制板	机长 EFIS 控制板
两个在位置 2	副驾驶 EFIS 控制板	副驾驶 EFIS 控制板

5.5　模拟机训练：EFIS 系统操作训练

5.5.1　操作相关信息

1.操作依据

（1）AMM 31 - INDICATING/RECORDING SYSTEMS 相关内容。

（2）ASM 31 - INDICATING/RECORDING SYSTEMS 相关内容。

（3）IPC 31 - INDICATING/RECORDING SYSTEMS 相关内容。

2.飞机构型

飞机构型为 001。

5.5.2　初始条件

冷机状态。

5.5.3　操作步骤

1. 点击模拟机控制台上的 ⚙ "系统动态原理图"按钮,在系统动态原理图选择界面选择 "ATA31 Electronic Instrument System"选项,调出系统动态原理图。

2.根据仪表系统动态原理图,填写如图 5 - 26 所示仪表系统原理图中空白的部分。

3.将图 5 - 26 中出涉及的组件名称信息填入表 5 - 9 中。

表 5 - 9　仪表系统组件名称信息表

序号	英文缩写	英文全称	中文名称
1	PFD		
2	ND		
3	ECAM		
4	DMC		
5	FWC		
6	SDAC		

4.查阅 AMM 完成仪表系统组件位置信息见表 5 - 10。

（1）PFD,ND,ECAM 信息参考 AMM 31 - 63 - 22 - DISPLAY UNIT(DU)。

（2）DMC 信息参考 AMM 31 - 63 - 34 - COMPUTER－DIPLAY MANAGEMENT(DMC)。

（3）FWC 信息参考 AMM 31 - 53 - 34 - COMPUTER－FLIGHT WARNING(FWC)。

（4）SDAC 信息参考 AMM 31 - 55 - 34 - CONCENTRATOR－SYSTEM DATA ACQUISITON(SDAC)。

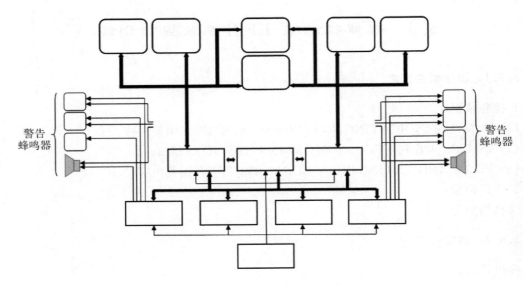

图 5-26　仪表系统基本原理图

表 5-10　仪表系统组件位置信息表

组件名称	功能号	组件数量	组件位置
PFD			
ND			
ECAM			
DMC			
FWC			
SDAC			

5.进入驾驶舱,观察遮光板左右两侧的指示灯,这些指示灯分别是:

(1)＿＿＿＿＿＿＿＿＿＿＿＿＿＿

(2)＿＿＿＿＿＿＿＿＿＿＿＿＿＿

(3)＿＿＿＿＿＿＿＿＿＿＿＿＿＿

参阅 ASM 31-50-00 SCH 00 P101 Figure 1 - INDICATING/RECORDING SYSTEMS CENTRAL WARNING SYSTEM BLOCK DIAGRAM,将属于仪表/记录系统中央警告子系统的指示灯选出:＿＿＿＿＿、＿＿＿＿＿、＿＿＿＿＿。

6.连接地面电源车,在驾驶舱中接通地面电源。

7.在驾驶舱头顶面板 20VU 上,按下"APU 火警测试"按钮,将测试期间遮光板各警告灯的状态记录于表 5-11。

表 5－11　遮光板警告灯状态记录表

指示灯名称	是否点亮		灯颜色	点亮模式
MASTER WARN	□是	□否		□闪烁　□连续
MASTER CAUT	□是	□否		□闪烁　□连续
AUTO LAND	□是	□否		□闪烁　□连续

＊注：若警告灯无警告，灯颜色及点亮模式处填写"N/A"

8．在三维飞机上找到"Battery 1"，断开"Battery 1"，将断开"Battery 1"之后的遮光板各警告灯的状态记录于表 5－12。

表 5－12　遮光板警告灯状态记录表

指示灯名称	是否点亮		灯颜色	点亮模式
MASTER WARN	□是	□否		□闪烁　□连续
MASTER CAUT	□是	□否		□闪烁　□连续
AUTO LAND	□是	□否		□闪烁　□连续

＊注：若警告灯无警告，灯颜色及点亮模式处填写"N/A"

9．在三维飞机上找到 SDAC1，观察其表面铭牌，将安装在该飞机上的 SDAC1 相关信息记录：

SDAC1 件号（P/N）：＿＿＿＿＿＿＿＿＿＿＿＿＿＿＿＿＿＿

SDAC1 序列号（S/N）：＿＿＿＿＿＿＿＿＿＿＿＿＿＿＿＿＿

该组件是否可以安装在 001 构型的 A320 飞机上　　　□是　　　□否

该组件是否可以安装在 901 构型的 A320 飞机上　　　□是　　　□否

10．在三维飞机上找到 SDAC2，观察其表面铭牌，将安装在该飞机上的 SDAC2 相关信息记录：

SDAC2 件号（P/N）：＿＿＿＿＿＿＿＿＿＿＿＿＿＿＿＿＿＿

SDAC2 序列号（S/N）：＿＿＿＿＿＿＿＿＿＿＿＿＿＿＿＿＿

该组件是否可以安装在 801 构型的 320 飞机上：　　　□是　　　□否

该组件是否可以安装在 812 构型的 320 飞机上：　　　□是　　　□否

SDAC 的拆装步骤位于 AMM ＿＿＿＿＿＿＿＿＿＿＿＿＿＿＿＿＿

11．FWC1 的安装位置是＿＿＿＿＿＿＿＿＿＿＿＿＿的＿＿＿＿＿＿VU。

FWC2 的安装位置是＿＿＿＿＿＿＿＿＿＿的＿＿＿＿VU。

件号(P/N)为 350E018312020 的 FWC 是否可以安装在构型为 814 的 A320 飞机上：
□是　　　　□否

件号(P/N)为 350E053020606 的 FWC 是否可以安装在构型为 814 的 A320 飞机上：
□是　　　　□否

FWC 的拆装步骤位于 AMM ＿＿＿＿＿＿＿＿＿＿＿

12. 在 ASM31 - 60 - 00 找到使用于本工卡飞机构型的原理图,该原理图适用的构型包括
＿＿＿＿＿＿＿＿＿、＿＿＿＿＿＿＿＿。

观察该原理图,DMC 向其提供信号的组件包括(　　　)(多选)

A. 功能号为 2WT1 的设备　　　　B. ND - F/O

C. 章节号为 31 - 36 - 34 的设备　　　　D. FWC

13. 在三维飞机上找到 DMC1,DMC2 和 DMC3,观察其铭牌,将件号(P/N)和序列号(S/N)记录:

DMC1 件号(P/N):＿＿＿＿＿＿＿＿＿＿＿

DMC1 序列号(S/N):＿＿＿＿＿＿＿＿＿＿

DMC2 件号(P/N):＿＿＿＿＿＿＿＿＿＿

DMC2 序列号(S/N):＿＿＿＿＿＿＿＿＿＿

DMC3 件号(P/N):＿＿＿＿＿＿＿＿＿＿

DMC3 序列号(S/N):＿＿＿＿＿＿＿＿＿＿

其中,三维飞机上目前安装的 DMC1 的件号是否可以安装在构型为 101 的 A320 飞机上?
□是　　　　□否

5.6　模拟机训练:EFIS 系统故障排除训练

5.6.1　操作相关信息

1.操作依据

(1)AMM 31 - 50 - 00 - 710 - 001 相关内容。

(2)AMM 31 - 55 - 34 - 000 - 001 相关内容。

(3)AMM 31 - 55 - 34 - 400 - 001 相关内容。

2.飞机构型

飞机构型为 001。

5.6.2　初始条件

冷机状态。

5.6.3　操作步骤

飞机启动阶段

1. 在头顶面板 35VU 上打开飞机的两个电瓶。

2.启动飞机 APU。

3.校准惯性基准系统。

故障设置阶段

4.在模拟机控制界面,点击按钮 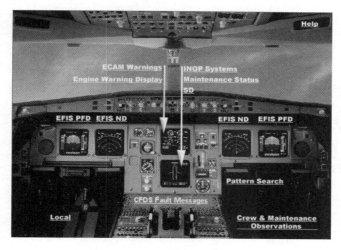 ,打开故障设置目录。

5.选择"ATA31 Instrument System",在子目录中选择"SDAC1",按压"ACTIVE"按钮,激活故障。

故障排除阶段

6.以下那个显示器上有"FWS SDAC 1 FAULT"故障信息(　　)。

A. PFD　　　　B. ND　　　C. ECAM 上显示器　　　D. ECAM 下显示器

7.故障信息"FWS SDAC 1 FAULT"的显示颜色为(　　)。

A.琥珀色　　　B.红色　　　C.白色　　　D.绿色

8. SDAC 的英文全称是_____

9.打开 A320 手册,选择"Start Troubleshooting"页面,其页面如图 5－27 所示。

图 5－27　Start Troubleshooting 页面

10.根据"FWS SDAC 1 FAULT"故障信息出现的位置,选项相应的索引入口,正确的入口为(　　)。

A. ECAM Warnings　　　　B. INOP systems　　　C. EFIS PFD　　　D. CFDS Fault Messages

11.将观察到的故障信息输入到"Message"信息框中,点击"Search"按钮,将搜索出的故障入口列出:

_____

_____

12.正确的故障入口信息:

(1)适用构型:_____;

(2)ATA 章节号:_____;

（3）故障信息：＿＿＿＿＿＿＿＿＿＿＿＿＿＿＿＿＿＿＿。

13.选择正确的故障入口,点击"Possible Cause"（可能原因）按钮,将可能引起故障的原因列出：

（1）＿＿＿＿＿＿＿＿＿＿＿＿＿＿＿＿＿；

（2）＿＿＿＿＿＿＿＿＿＿＿＿＿＿＿＿＿；

（3）＿＿＿＿＿＿＿＿＿＿＿＿＿＿＿。

14.点击"Back"按钮,点击"TSM Proc"按钮,选择"Source"为"ECAM1"的入口,点击"Open"按钮。

15.为进行故障确认,应参考 AMM(1)＿＿＿＿＿＿＿＿＿＿＿,进行"Ground scanning of the central warning system"（中央警告系统地面测试）。

测试结果为＿＿＿＿＿＿＿＿＿＿＿＿＿＿＿＿＿＿＿＿＿＿＿

16.检查名称为"SDAC/1/SPLY"的跳开关,该跳关的位置是＿＿＿＿＿＿ VU,坐标为＿＿＿＿＿＿,在三维飞机上检查该跳开关,该跳关目前的状态是＿＿＿＿＿。

17.拆、装 SDAC1 应参考的 AMM 任务号分别为

＿＿＿＿＿＿＿＿＿＿＿＿＿＿＿＿＿＿＿＿＿＿＿＿＿＿＿＿＿＿＿＿＿

＿＿＿＿＿＿＿＿＿＿＿＿＿＿＿＿＿＿＿＿＿＿＿＿＿＿＿＿＿＿＿＿＿

18.接近 SDAC1 的入口为（   ）。

A.822   B.824   C.826   D.811

19.SDAC1 和 SDAC2 的功能号分别为＿＿＿＿＿和＿＿＿＿＿,适用于本飞机的 SDAC1 件号为＿＿＿＿＿＿＿＿＿＿＿＿＿＿＿＿＿＿＿＿＿＿＿＿＿＿＿＿

20.按照 AMM 完成对 SDAC1 的更换。

21.重复步骤 15 中的测试,其测试结果为＿＿＿＿＿＿＿＿＿＿＿＿＿＿

22.观察 ECAM 上显示器,观察故障信息是否消失：

□消失   □未消失

第6章 警告系统

警告系统是飞机上对多个系统监控并在系统非正常状态下提供音响、视觉及触觉警告的系统。根据飞机系统所监控和发生故障的危险程度不同，发出不同级别的音响警告，对飞行安全起着非常重要的作用。

随着飞机电子设备的不断升级，飞机的警告系统的功能也发生了大的变化。从早期飞机上的警告灯、警示牌、信号器等警告方式过渡到综合警告系统。这些先进的综合警告系统不仅可以监控飞机系统不正常的工作状况，及时报告故障信息，同时还可以向飞行员发出更为全面、观的警告信息。

6.1 警告系统的组成及功能

现代飞机使用的综合警告系统，不仅对超速状况警告，同时还监控其他飞机系统。在不同型号的飞机上使用的警告系统部件、输入信号以及所监控的对象有所不同，但总体上的警告输出分为明信息、警告灯、警告音响。警告系统由电源组件、飞机系统信号收集组件、警告计算机、警告信息显示器、警告灯和警告音响装置等组成，如图6-1所示为警告系统组成框图。

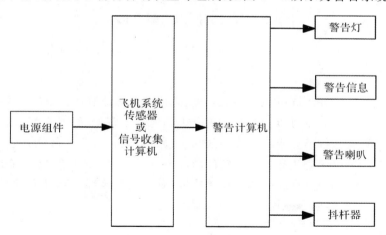

图6-1 警告系统组成框图

(1)电源组件。电源组件满足警告系统工作多种规格的用电需要。警告系统电源多为双套，确保警告信号发出。

(2)传感器(信号收集计算机)。在不同机型的飞机上，用于不同系统的警告信号来源不同。有的使用飞机系统的传感器和计算机，有的使用飞机信息管理系统等，监控飞机系统并将飞机系统的故障信息发送给警告系统。

(3)警告计算机。该计算机收集、监控来自飞机系统传感器或计算机的信息，对上述数据进行计算、处理、分类并生成相应的警告信息显示在发动机警告显示器上,同时会有警告灯和警告音响出现。

(4)警告装置。警告装置包括警告灯、警告喇叭、警告信息显示器和失速抖杆器。

1)警告灯。出现警告时灯亮,可按压灯罩复位。警告灯出现警告信息时显示为红色,出现警戒信息时显示为琥珀色。

2)警告喇叭。警告系统的发声装置。典型的警告音响如下:

a.超过空速限制时的咔咔声。

b.自动驾驶仪断开时的警告谐音。

c.超过高度限制时的时断时续的喇叭声。

d.起落架位置与手柄位置不符时的持续喇叭声。起飞形态不正确时产生的时断时续的喇叭声。

e.一旦着火,火警铃响。

f.近地警告产生的语音警告的提示。

3)警告信息显示器。相应系统的警告信号显示器,EICAS或ECAM显示器。

4)失速抖杆器。失速抖杆器由28 V直流电动机使操纵杆抖动。抖杆器安装在正、副驾驶的驾驶杆上,安装位置有的在驾驶员地板上部的操纵杆上,多数飞机都装在地板下部的操纵杆上。

(5)测试装置。警告系统都有自己的测试装置。在驾驶舱顶板测试面板或控制显示组件(CDU)及音响警告系统的计算机前面板上实施测试,观察测试结果。

6.2 高度警告

6.2.1 概述

塔台指挥飞机飞行在不同的飞行层面,飞机必须按照塔台航空管制员指令的高度飞行,以防碰撞。机载高度警告系统可以探测到飞机是否偏离了指定的高度,它将来自大气数据计算机的真实高度与塔台指挥所要求飞机飞行的高度进行比较。一旦比较结果超出规定的范围,将发出视觉和音响信号警告飞行员。指定的高度由飞行员在方式控制板上选定。

高度警告系统有的集成在自动驾驶系统或采用中央警告计算机,还有的是由独立的高度警告计算机组成,高度警告示意图如图6-2所示。

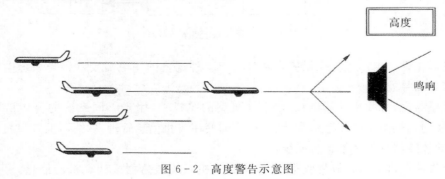

图6-2 高度警告示意图

此外,高度警告系统目前已作为飞机最小垂直间隔空域标准(RVSM)飞行放行的标准之一。世界范围内实施最小垂直间隔空域标准(RVSM)的国家已相当普及,我国飞机飞越RVSM空域的越来越多,如果飞越RVSM空域,要向塔台申请,同时机载设备必须满足要求。高度警告系统就是飞越RVSM空城的条件之一,要确保飞机在垂直方向的高度偏差在一定的范围之内,若达不到要求,必须离开RVSM空城,以免影响飞行安全。

6.2.2　高度警告系统的组成和原理

飞机在自动驾驶工作状态,正常情况应保持飞行在自动飞行控制系统方式控制板(MCP)上预选的高度,若出现小的干扰量使飞行俯仰姿态改变,飞机系统靠自身的纵向稳定就可以修正到正确的姿态,但会产生一定的高度偏差。

因此,高度稳定系统必须有测量飞行高度的传感器、高度给定装置和高度偏差计算装置。一般可以采用大气数据计算机作为测量飞行高度的传感器,高度给定装置可以使用自动驾驶方式控制板上的高度选择旋钮设定高度,高度偏差计算装置采用高度警告计算机,如图6-3所示为高度警告系统框图和高度给定装置。

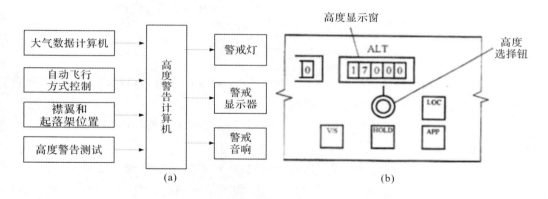

图 6-3　高度警告系统框图和高度给定装置

(a)高度警告系统框图;(b)高度给定装置

如果垂直气流干扰或在自动驾驶方式控制板上人工输入参数而改变飞行高度,则飞机改变了原来的飞行轨迹。当飞机偏离自动驾驶预选保持的高度时,机载高度警告系统将警告机组人员飞机正在偏离预选高度。

高度警告系统通过驾驶舱警告喇叭发出音频警示音,高度警告信号灯亮。在装备 EICAS 的飞机显示器上还会显示"ALT ALERT"高度警告字样信息。

6.2.3　工作过程

自动驾驶衔接后,高度测量装置的传感器——大气数据计算机(ADC),会将气压高度值送入高度比较器,与自动驾驶方式控制板的预选高度信号比较,按方式逻辑判断高度警戒系统的工作方式,图6-4所示为高度警告系统操作。

(1)若飞机接近预选高度在 900～300 ft 之间,则发出提醒(ADVISE)信号,提醒驾驶员已接近当前方式控制板上的预选高度。

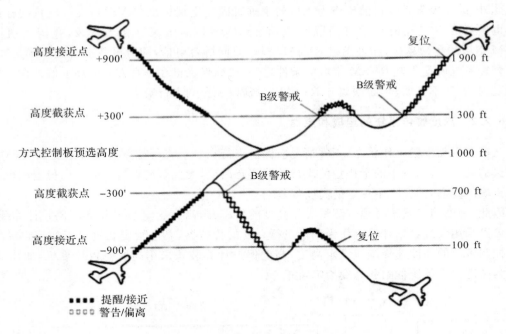

图 6-4 高度警告系统操作

（2）若飞机飞行偏离预选高度在 300～900 ft 之间，则发出警戒（ALERT）信号，警示驾驶员飞机已偏离当前方式控制板上的预选高度。

（3）若飞机飞行偏离预选高度在 900 ft 以上，系统不发出任何警告，表明飞机已向选定的新的飞行高度飞行。

空客飞机的高度警告系统的方式逻辑有所不同：从高于或低于预选高度 900 ft 以外向预选高度接近时，飞到距离预选高度 900 ft 的高度，有警戒音响，琥珀色"ALERT"灯亮；当继续接近到 300 ft 时，警戒音响消失，"ALERT"灯灭；当飞离预选高度 300 ft 时，有警戒音响，琥珀色"ALERT"灯闪亮；当继续飞离到距离预选高度 900 ft 的高速时，警戒音响消失，"ALLERT"灯灭。

6.2.4 警告信息

早期飞机的高度警告是当飞机偏离预选高度后，高度警告计算机发出 C 调音响，琥珀色的"ALTITUDE ALERT"信号器亮。

而现代飞行的高度警告是由高度比较器的输出信号进入方式逻辑电路，由方式逻辑电路向 EFIS/EICAS 显示管理计算机发出警戒（ALERT）或提醒（ADVISE）信号。若飞机飞行偏离预选高度在 300 ft 以上，显示管理计算机将处理的信息送到 EICAS 的显示器上，EICAS 上显示"ALTITUDE ALERT" B 级高度警戒信息，将警告灯的离散信号送到正、副驾驶的主警戒灯，正、副驾驶员前方遮光板上的琥珀色"CAUTION"灯亮；偏离预选高度在 300～900 ft 之间时，音响合成卡将电子合成出来的猫头鹰叫声通过正、副驾驶的警告喇叭发出，如图 6-5 所示为高度警告系统——B 级警戒指示。

综上所述,当飞机飞行偏离自动驾驶方式控制板上的预选高度 300～900 ft 时,在驾驶舱发出的警告包括有警告音响、EICAS 信息和警告灯指示;从 900 ft 以外,向 300 ft 接近预选高度时,有 EICAS 咨询信息,无警告灯和警告音响。当接近预选高度 300 ft 时,表示已经截获到预选高度 300 ft,表示已经截获到预选高度,无任何指示。

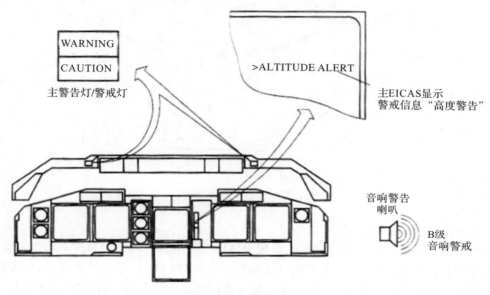

图 6-5 高度警告系统—B 级警戒指示

在选择高度期间和在飞机进近着陆时,高度偏差警告被禁止,以防止打扰驾驶员的工作。

6.3 超速警告

6.3.1 概述

马赫空速警告系统是警告系统的一个组成部分,由空气动力学可知,飞行速度越大,则空气流过飞机前方的压力也变大,引起空气压缩量越大,会对飞机结构造成损坏。因此,当飞机超过最大使用空速 V_{MO}/M_{MO} 时,两个独立的马赫/空速警告系统会提供清晰的声响警告咔咔声。只有在速度减到低于 V_{MO}/M_{MO} 时,警告声才消除。速度限制存在的原因是由于飞机低空飞行的结构限制和高空飞行的操纵特性。

6.3.2 马赫空速警告系统

1. 马赫空速指示器

马赫空速表是将空速指示器建指示器和超速指示器组合在一起,构成一组合式仪表。马赫空速指示器显示出实际空速和速度限制(最大操作速度)。马赫空速表上的白色指针代表计算空速(CAS),表上的窗口还用数字形式指示出计算空速和马赫数。红、白相间指针指示最大操作速度(V_{MO})、最大操作马赫数(M_{MO})。若马赫空速警告计算机出现故障,窗口内显示 VMO 和 MACH 故障旗,如图 6-6 所示为电动式马赫空速表。

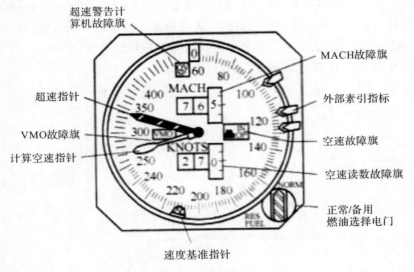

图 6-6 电动式马赫空速表

2. 马赫/空速警告系统的组成及原理

大气数据计算机（ADC）根据全静压系统提供的全压值、静压值、全温探头的温度信号，计算出所需的指示空速（IAS）、计算空速（CAS）和马赫数（MACH）等大气数据参数，发送到马赫空速警告计算机和指示器上。马赫/空速指示器内部设有最大操作马赫数、到大操作速度探测装置。当探测到超速状况时，系统提供目视和音响警告。

除大气数据输入外，还有系统测试、各种条件（如放下起落架）及方式选择的输入，如图 6-7 所示为马赫/空速警告系统的组成。

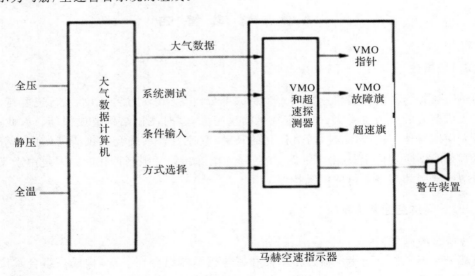

图 6-7 马赫/空速警告系统的组成

大气数据计算机（ADC）输出的大气数据信号和直流电源，发送到马赫/空速指示器内的超速微处理器。指示器上的白指针指示的是计算空速(CAS),红白指针指示的是马赫/空速超速微处理器计算出的空速极限值 VMO。超速微处理器根据起落架是否放下、副邮箱是否有油、是否挂了第五台发动机等条件,分别计算出不同条件下的超速极限值。

装有两部大气数据计算机的系统,机长和副驾驶的马赫/空速指示器采用不同的电源,音响警告喇叭也使用独立的电源。

当飞机在不同条件下飞行接近超速时,马赫/空速指示器内部的超速微处理器的输出信号使指示器上的白色空速指针超越红白指针的限制值,并且使音响警告喇叭发出超速警告声。

所有喷气式飞机都有独立的音响超速警告。因为飞机超速飞行是非常危险的,它会造成飞机结构的损坏,另外,在高速飞行时产生的激波也会对飞机造成伤害,并使飞行的安全性下降。音响超速警告扬声器既可以由主警告系统触发,也可以由分离系统触发。只要空速大于VMO 或 IMO,超速警告都将发生。通过中央维护计算机或测试按钮可以对超速警告进行测试。

3.电子显示器上的马赫/空速警告

现代飞机上装备的电子飞行仪表显示飞行速度、超速和马赫数信息,是在主飞行显示器速度带上。显示器上的输入源来自大气数据计算机。大气数据计算机除计算当前速度外,也可以用于计算飞机在不同布局、不同飞行阶段时的最大操作速度 V_{MO} 和最大操作马赫数 M_{MO},超速指示在速度带的上部,马赫数的指示则在空速带的底部。

速度带的读数框内白色数字表示当前空速、超速时变为红色。它的超速信号来自大气数据计算机,超速信号还送往警告系统的计算机,产生超速警告。在波音 EICAS 显示器警告区域显示红色超速"OVER SPEED"警告信息,超速时还伴有音响警告和红色主警告灯。如图6-8所示为主飞行显示器速度带上巡航和下降时的马赫数指示。

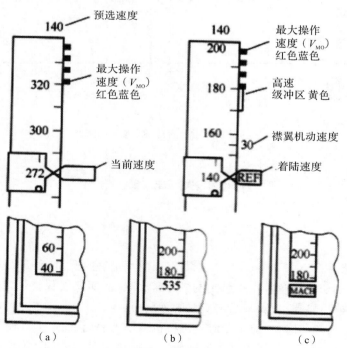

图 6-8　主飞行显示器速度带上巡航和下降时的马赫数指示

(a)无计算数据或 $Ma<0.4$ 显示; (b)$Ma>0.4$ 显示; (c)马赫故障旗显示

4. 警告曲线

不同型号的飞机有不同的飞行速度限速值,如 B737 - 300 飞机正常布局最大操作马赫数为 0.826,A330 飞机的限速值马赫数为 0.86,B747 - 400 飞机正常布局最大操作马赫数为 0.92。

飞机在不同构型情况下的速度限制是不同的。如图 6 - 9 所示为某型飞机的马赫空速警告曲线。飞机正常构型时,在海平面时的最大操作速度(V_{MO})为 365 kn,而在 24 477 ft 高度时的最大操作速度(V_{MO})为 395 kn,最大操作马赫数(M_{MO})为 0.92;当起落架放下时,在海平面时的最大操作速度(V_{MO})为 270 kn,而在 30 840 ft 高度时的最大操作马赫数(M_{MO})为 0.73;当飞机副油箱有油时,在海平面时的最大操作速度(V_{MO})为 340 kn;而挂第五台发动机时的最大操作速度(V_{MO})为 330 kn,在不同的高度,飞机的限速也各有不同。

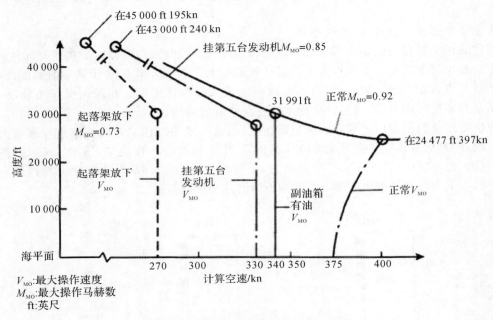

图 6 - 9 某型飞机的马赫空速警告曲线

6.4 失速警告

6.4.1 概述

飞机之所以能够在空中飞行,是因为机翼上产生了足够的升力,而升力的大小取决于机翼的翼剖面、飞行速度和飞机迎角。要想使飞机的速度减小,而又要保持恒定的升力,就必须增加迎角,或者通过伸出襟翼、缝翼来增加机翼的翼剖面。

当飞机达到最大迎角时,气流不能流过飞机机翼的上表面,而产生气流分离。如果迎角再继续增大,则气流分离严重,飞机出现失速现象。失速是非常危险的,因为此时升力急剧地下降。如果飞机不在足够的高度上飞行将难以恢复,从而导致飞机坠毁。因此,在发生失速之前,必须尽可能早地警告驾驶员,这就是失速警告系统的任务。

　　飞机在高速飞行时,也可能导致失速。当飞机速度接近声速时,某些部位可能产生局部激波,阻力急剧增加,飞机速度反而下降,将会导致飞机的稳定性和操纵性变坏,甚至产生激波失速。此时,若驾驶员不能有效地控制飞机,就会发生机毁人亡的危险。因此,在飞机进入时速状态之前,必须及早让驾驶员得到警告。

6.4.2　失速警告系统的组成和功能

　　1. 失速警告系统的组成。

　　如图 6-10 所示,典型的失速警告系统由输入部件、两部失速警告计算机、警告显示组件、失速警告测试组件、警告灯和抖杆电动机组成。其中输入部件包括迎角传感器,襟翼位置传感器,大气数据计算机,发动机指示系统的高、低压轴转速信号、空地信号和失速警告测试组件。

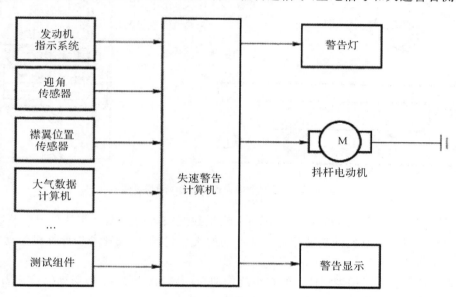

图 6-10　失速警告系统方框图

　　2. 失速警告系统部件的功能。

　　(1) 迎角传感器。迎角传感器又称为气流角度传感器或失速警告传感器,它安装在机身两侧、驾驶员侧窗下,用于测量飞机迎角(又称为攻角)。两侧的传感器可以互换,空中需要加温以免结冰。

　　(2) 襟翼位置传感器。安装在大翼前、后缘的襟翼位置传感器传送襟翼位置信号。有的飞机只装有后缘襟翼位置传感器。传感器向失速警告系统、自动驾驶系统和襟翼位置指示器(或 EICAS、ECAM)发送信号。

　　(3) 大气数据计算机。ADC 用于迎角、计算空速、马赫数、V_{MO}/M_{MO} 的计算。

　　(4) 失速抖杆器。失速警告计算机监控飞机在接近低速或大迎角阈值时,失速抖杆器由 28 V 直流电动机作动操纵杆抖动。失速抖杆器安装在正、副驾驶的驾驶杆上,安装位置有的在驾驶员地板上部的操纵杆上,多数飞机都装在地板下部的操纵杆上。如图 6-11 所示为某型飞机失速警告系统的部件。

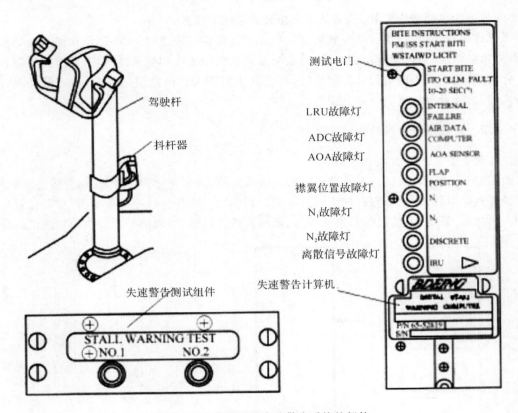

图 6 - 11　某型飞机失速警告系统的部件

（5）失速警告计算机。如图 6 - 11 所示，无论是独立安装的失速警告计算机（SWC），还是警告电子组件（WEU），它们的功能相近。在不同的飞行状况下，失速警告计算机作动抖杆器，向驾驶员发出警告。

1）正常失速警告。根据襟翼位置的多少确定迎角的阈值（表 6 - 1 中所列阈值为B747 - 400型飞机）时，失速警告计算机动作抖杆器发出警告。

表 6 - 1　襟翼位置与迎角

襟翼位置设定	迎角 AOA/(°)
1	4
5	6
10	7.7
20	6.7
25	6.0
30	5.1

2）不对称失速警告。若两侧的襟翼位置不匹配，迎角作动抖杆器的阈值将降低。

3)大推力失速警告。对于双发飞机而言,在对边发动机的 N_2 转速高于 75% 的情况下,迎角作动抖杆器的阈值将降低。迎角阈值降低的多少取决于襟翼位置和推力斜率的系数(CTG)。失速警告计算机使用空速和邻近的发动机 N_1 转速计算推力斜率的系数(CTG)值。

4)速度阈值失速警告。在不同的襟翼位置,当空速低于表 6-2 中所列速度阈值时,失速警告计算机作动抖杆器发出警告(表 6-2 中所列速度阈值为 B737-300/400/500 型飞机)。

表 6-2　襟翼位置与速度

襟翼位置设定	最低速度/kn
40	90
30	90
25	95
15	100
10	100
5	105
2	105
1	110

(6)失速警告测试组件。用于起始系统测试。在装有中央维护计算机(CMC)的飞机上可以从控制显示组件起始测试,另外也可以在计算机的前面板上使用测试电门测试,如图 6-11 所示。

3.失速警告系统原理。

失速警告系统将飞机特定的最大迎角与实际的飞机迎角进行比较。最大迎角取决于襟翼和缝翼的位置,该位置也必须进行计算。这一计算可以在独立的计算机内完成,也可以在主警告系统或自动油门系统中完成。通常飞机上有两个独立计算系统,这样可以提供足够余度。当飞机到达临界迎角时,系统将驱动抖杆马达工作,使之产生抖动来模拟真正失速时产生的效应。

正常时两部计算机控制其相应的抖杆器作动,若当其中一部计算机不工作时,另一部计算机也可以同时作动两个抖杆器,这是因为两个驾驶杆都连接在扭力管上。

飞机在地面时可以对系统实时测试,抖杆器作动。若系统不正常时,机器前面板上有故障指示灯亮,不能作动抖杆器抖动,故障排除后方可作动。

在某些飞机上,还安装有驾驶杆推力器。当探测到失速时,它将自动推动控制杆向前以减小飞机的迎角。

4.失速警告系统的操作方式。

(1)空中方式。失速警告系统工作在"空中"方式,由失速警告计算机监控。当前起落架和主起落架的下蹲电门指示"空中"位,前轮和主轮在"空中"位并且指示空速达到 110 kn;机轮不在"空中"位,但指示空速已达 160 kn(参数适用于 B737 飞机)。

(2)起飞方式。当起落架减振支柱伸出时,空地继电器衔接失速警告系统工作。失速警告计算机接收迎角和襟翼位置传感器的信号,这些信号用于确定飞机是否接近失速状态。

(3)飞行阶段。当飞行中出现大迎角或以低速飞行时,失速警告计算机的输出控制继电器作动,向抖杆电动机提供 28 V 直流电源,抖杆器抖动。

5. 失速警告系统的信号显示。

在现代飞机上装备有电子飞行仪表系统,主飞行显示器的左侧是空速带,失速警告计算机的输出信号发送到机载显示管理计算机(或 EICAS/EFIS 交联组件 ETU 计算机),信号处理后送往主飞行显示器(PFD),有的飞机在主飞行显示器的姿态指示器上显示俯仰极限,在主显示俯仰极限,在速度带上显示最大操作速度和最小操作速度(或抖杆速度),如图 6-12 所示为失速警告在主飞行器速度带上的显示。空速带上用醒目的红色表示不同飞行阶段时的抖杆速度,用琥珀色表示最小机动速度(或称缓冲速度)。俯仰极限参数可用于限制起飞时机身的仰角。

除了速度带上的显示外,接近失速时,抖杆电动机作动抖杆器使升降舵扭力管和驾驶杆抖动。在主 EICAS 或 ECAM 上出现红色的失速信息,警告喇叭发出语音"STALL WARNING"警告声,红色的主警告灯被点亮。

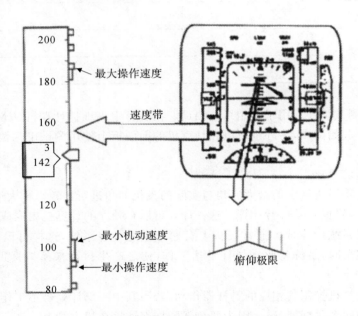

图 6-12　失速警告在主飞行显示器速度带上的显示

第7章　飞行数据记录系统

7.1　飞行数据记录系统概述

　　按照航空法的规定,在大型商业飞机上必须安装飞行数据记录器(FDR)。FDR又叫"黑匣子",在飞行中它能连续地记录飞机的飞行参数和飞机的状态参数(包括发动机状态)。国际民航组织对于飞行记录器记录的参数有统一的约定,称为指定参数。但航空公司也可设置需要监控的其他参数记录,该数据存储在飞机状态监控系统(ACMS)中,称为非指定参数(选择参数)。

　　飞行记录器总是保存最近25 h记录参数,以便飞机坠毁或发生事故之后,根据25h连续记录的参数,能够详细分析飞机的飞行情况和事故原因,飞行数据记录器从最初仅记录几个参数发展到可记录数十类上万个参数。例如,时间、航向、高度、空速、垂直加速度、发射监控信号、发动机参数、襟翼位置、横滚角、俯仰角、纵轴和横轴的加速度、飞行控制舵面的位置、无线电导航信息、自动驾驶仪的工作情况、大气温度、电源系统的参数及驾驶舱警告等。

　　此外,飞行记录器还以向飞行管理部门和飞机制造工厂提供可靠数据,以便飞行管理部门训练飞行人员、飞机维修部门安排维修项目和维修深度、飞机制造工厂改进制造工艺或设计。所以,飞行数据记录器是飞机上必备设备之一,并应保持良好的工作状态。

　　现代飞行数据记录器有两种类型,一种是磁带式飞行数据记录器,另一种称为数字式飞行数据记录器。目前,飞机大多选用数字式飞行数据记录器为固态飞行记录器存储数据。为使记录器上的信息在较为恶劣的环境下不丢失,记录器必须具有抗坠毁、耐火烧、耐海水和各种液体浸泡的能力。

　　典型的数字式飞行记录器系统主要由以下几部分组成:数字式飞行数据记录器(DFDR)、数字式飞行数据采集组件(DFDAU)、飞行记录器测试组件、程序开关组件、三轴加速度计和对话式显示组件(选装组件)。如图7-1所示为数字式飞行数据记录系统框图。

　　(1) 数字式飞行数据记录器(DFDR)。数字式飞行数据采集组件有一个软盘驱动器,可用于记录存储在飞机状态监控系统内的选择参数。

　　(2) 数字式飞行数据采集组件(DFDAU)。数字式飞行数据采集组件(DFDAU)首先收集飞机多个系统和传感器的输入信号(数字、离散和模拟),经多路调制,转换成标准的数字格式(哈佛双相脉冲格式),然后送到数字式飞行数据记录器(DFDR)。飞行数据记录器存储来自采集组件的信号。采集组件从数字飞行数据记录器得到返回数据并监视数据,以检测数字式飞行数据记录器是否工作。如图7-2所示为数字式飞行数据采集组件。

　　数字式飞行数据采集组件(DFDAU)也为飞机状态监控系统(ACMS)收集数据。DFDAU存储飞机状态监控系统(ACMS)数据,并将这一数据传到数据装载机控制面板的光盘上或DFDAU前面板的光盘(或磁盘)上。

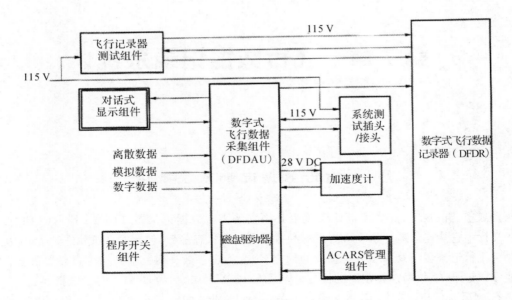

图 7-1　数字式飞行数据记录系统方框图

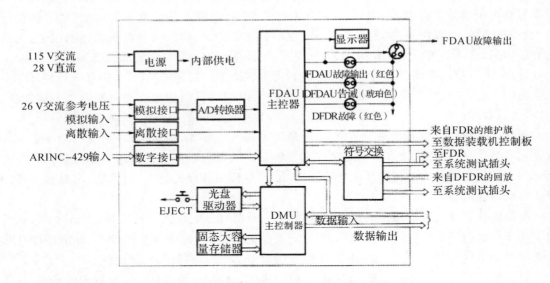

图 7-2　数字式飞行数据采集组件（DFDAU）

　　FDAU 从 P18 板经系统测试插头得到 115 V，400 Hz 单相交流电源。一内部电源产生所有必需的直流电。FDAU 也取得 26 V 交流电用作模拟式发送器和传感器的参考电压。FDAU 向飞行记录器加速度计提供 28 V 直流电。

　　接口电路接收模拟、离散和数字输入信号，经模/数（A/D）转换器将模拟信号转换成ARINC-429 数字信号，将其变成一个序列，并以串行方式将其送往 ARINC-573/717 接口，这一接口将数字数据格式化成哈佛双相制编码。接口将编码送往飞行数据记录器。

　　DMU 主控制器处理 ACMS 数据。DMU 监视 FDAU 输入中规定的 ACMS 参数。当DMU 主控制器检测到数据变换成一个要记录的数值时，ACMS 进行有关参数的报告。同样，在航行期间的不同时刻,ACMS 储存报告,由 ACMS 存储器保存这些报告。

　DMU 主控制器包括 ACMS 接口,通过一条内部数据总线从 FDAU 主控制器上取得数据,并将报告送到数据装载机控制面板和磁盘驱动器。航空公司可以使用数据装载机或一张软盘储存报告。

　FDAU 和 FDR 连续进行自测试。当一台发动机工作或飞机升空后,机内自检 BTE 连续对系统进行检查,BITE 数据结果显示在前面板的显示器上(显示故障代码),引起故障灯点亮,保留故障信息。

　如果 FDAU 为飞行记录器进行数据处理时出现故障,下列灯点亮,如图 7-3 所示。

1)DFAU FALL:数字式飞行数据采集组件(DFDAU)指定参数故障。

2)飞行记录器/马赫空速警告测试组件上的飞行记录器"OFF"灯。

3)两个主警告灯。

4)"OVERHEAD" 警告牌。

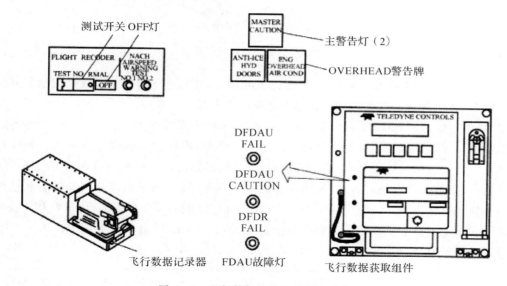

图 7-3　飞行数据记录系统机内自检

　如果 FDAU 为飞机状态监控系统(ACMS)进行数据处理时出现故障,"DFDAU CAUTON"灯点亮,表示飞机状态监控系统(ACMS)处理故障。

　(3)固态飞行记录器。现代飞机多采用数字式飞行数据记录器系统,该部件消除了任何活动部分,用固态的存储器作为存储部件,要求最低可存储 25 h 的飞行参数。固态飞行记录器的外壳由坚硬的合金钢制造,以作保护。内部的存储器组件抗压能力高、耐重载荷、耐高温火烧、耐深海水 20 000 ft 压力持续 30 d,耐腐蚀性液体浸泡。如图 7-4 所示为固态飞行数据记录器。

　固态飞行记录器包括一些电路卡、控制器、电源调压器、电源滤波器和存储器。控制器主要完成控制功能,利用微控制器控制飞行数据的接收和发送,通过控制电路卡进行数据输入,然后转存在存储器组件中。自动测试插头是固态飞行记录器的外部插头,安装在固态飞行记录器的前面板。可以通过自动测试插头将固态飞行记录器中的数据取出,转到译码设备中去,也可以将数据传送到显示部件以检查在飞机上的信号传感器。背部的飞机系统接口是与外部设备的接口,通过该插头进行数据存储和读取。

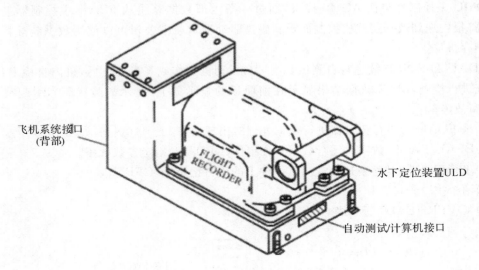

飞机系统接口
(背部)

水下定位装置ULD

自动测试/计算机接口

图 7-4　固态飞行数据记录器

115 V 交流电源从后部插头输入,经过滤波和调压,然后送到固态飞行数据记录器其他电路。同时 FDR 包含监控电路,对输入/输出电源性能进行综合监控。

(4)水下定位装置(ULD)。飞行数据记录器前面板上安装着水下定位装置(又称为水下定位信标机),如图 7-5 所示,它不是记录系统的一部分,但两者必须固定在一起。当飞行记录器和水下定位信标机坠入海中,信标机的电源自动接通,启动晶体振荡电路,产生 37.5 kHz 的声波信号,经放大驱动扬声器件,发出单音调音频信号,穿过海平面向空气中辐射。使用声波探测装置可以接收到这一特定频率的信号,从而确定声源的方位和距离,便可顺利地找到飞行记录器。水下定位装置在水下的辐射范围是 1.8~3.0 km,最大工作水深可达 2 000 ft,声波信号可保持发射 30 d。

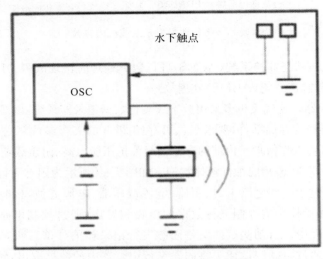

水下触点

OSC

图 7-5　水下定位装置工作原理图

水下定位信标机的电源是干电池,一般选用锂电池,因此飞机坠入大海中,它能独立工作。水下定位信标系统在维护中应注意以下事项:要按规定时间检查和更换水下定位装置的电池,并应在干净的维修车间内进行更换。每次检查和更换电池时,都应注意"O"形密封圈是否老化、变形,表面是否光洁,以防漏水或电池受潮。除规定的标签外,不允许把任何其他的标签贴在水下定位信标的壳体上。在更换电池时,应避免将电池极性装错,否则会损坏水下定位装置。避免将油泥、沙子、纤维等混入装配螺纹中,以防影响密封盖压紧"O"形密封垫圈,如图7-6所示为水下定位装置。

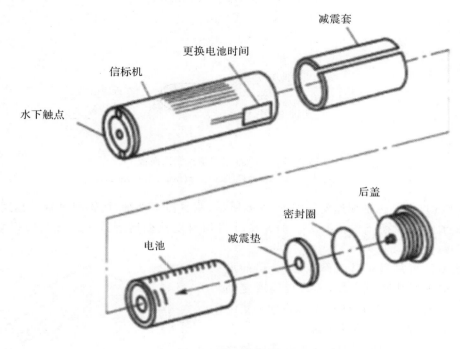

图 7-6　水下定位器

(5)飞行记录器测试组件。如图7-7所示,飞行记录器测试组件向飞行机组提供飞行记录器系统的工作状态的目视指示,在这个面板上,可以人工控制记录器的电源。

飞行记录器测试组件有:"OFF"灯和"TEST/NORMAL"开关。当飞行记录器或数字式飞行数据采集组件(DFDAU)出现关键性故障时,琥珀色"OFF"灯点亮;当飞行记录器没投入工作时"OFF"灯也会亮。

将"TEST/NORMAL"开关放在"TEST"位置,飞行记录器系统接通115 V交流电源,以进行地面维护。

将"TEST/NORMAL"开关放在"NORMAL"位置,只要飞行记录器测试组件得到以下几种信号(典型的)之一时,如图7-7(b)所示,FDR得到115 V交流电,开始工作。

1)当发动机运转,发动机滑油压力信号。

2)空速信号。

3)飞机在空中,起落架上的空/地电门发出的"在空中"信号。

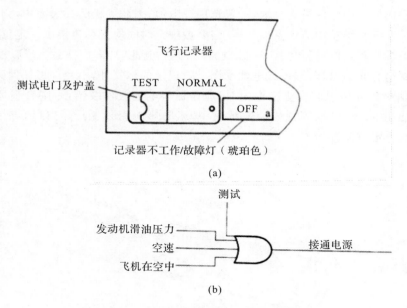

图 7 - 7　飞行数据记录器测试面板

(a)飞行数据记得器拉面板；(b)飞行数据记录器拉制逻辑

　　(6)加速度计。三轴加速度计如图 7 - 8 所示，测量沿垂直轴、横轴和纵轴的加速度，必须严格按照轴向安装在飞机重心处。加速度计将加速度数据送到数字式飞行数据采集组件（DFDAU）。

　　加速度计可测量正常工作范围 10 倍的加速度值。加速度计密封安装，不许校验或定期维护。飞行记录器加速度计从飞行数据采集组件（DFDAU）获得 28 V 直流电源。

　　(7)程序开关组件。程序开关组件向数字式飞行数据采集组件送出一个编码，利用这一编码来辨别飞机的类型。飞机管理计算机也可以提供这一编码。

　　综上所述，飞行数据记录器在飞机飞行开始时自动工作，飞机落地后自动停止。典型的自动开关信号是发动机燃油压力和空速信号。在驾驶舱内有一个测试开关，地面人员利用它可以对飞行数据记录器的工作状态进行测试。

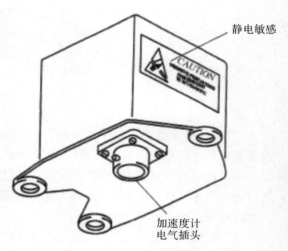

图 7 - 8　三轴加速度计

　　来自各个不同系统和传感器的模拟和数字信号首先送到位于电子舱里的数字式飞行数据采集组件。并将模拟信号变成固定格式的数字信号，经数据处理后传送给位于候客舱顶部的数字式飞行数据记录器，记录器将其记录在固态存储器上。同时，FDR 还对所记录的数据进行监测，监测结果显示在本系统的 DFAU、FDR 或飞行记录器测试组件上。

7.2　B737-800 型飞机飞行数据记录系统

7.2.1　概述

FDRS 接受和储存来自飞机系统和传感器的飞机参数。飞行数据记录器(FDR)保存这一数据以便在飞行事故调查过程中使用。FDR 保护数据避免因受热或浸水而损坏,并记录管理机构必需的参数。飞行数据记录系统功能示意图如图 7-9 所示。

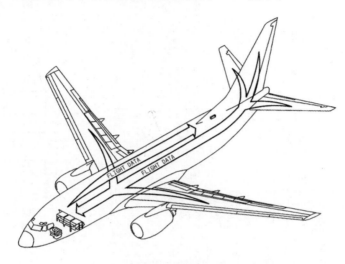

图 7-9　飞行数据记录系统功能示意图

航空公司也可设置额外的参数进行记录。这一数据储存在 FDRS 的飞机状态监控(ACMS)中。

FDRS 具有下列部件。

(1)飞行数据记录器(FDR)。

(2)飞行数据获取组件(FDAU)。

(3)FDAU 状态继电器。

(4)飞行记录器测试组件。

(5)加速度计。

(6)飞行操纵传感器。

(7)飞行舵面位置传感器。

(8)快速存取记录器(QAR)。

(9)系统测试插头/接头。

(10)程序开关组件。

来自 FDAU 的 ACMS 数据经过数据装载机控制面板送入数据载机。数据装载机可将来自 FDAU 的数据存到一张磁盘上。利用数据装载机控制板上的开关,你可选择 ACMS 数据传输。

通过数据装载机控制板。你可将软件从装载机的软盘传输到 FDAU 中。

控制显示器(CDU)控制 FDAU 中 ACMS 的功能。

当一台发动机运转或飞机在空中时,FDRS 自动投入工作。当飞行记录器测试组件上的 TEST/NORMAL 开关在 TEST 位置时,记录器也工作。

7.2.2 飞行数据记录系统的组成(见图 7-10)

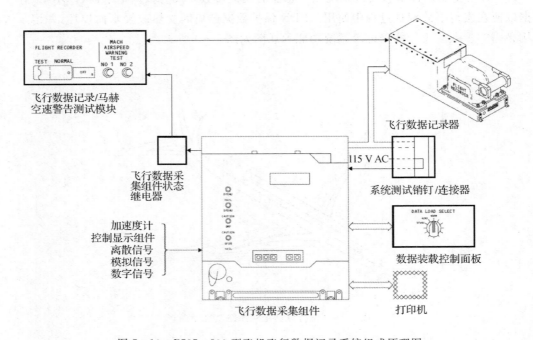

图 7-10 B737-800 型飞机飞行数据记录系统组成原理图

(1)飞行记录器/马赫空速警告测试组件。飞行记录器测试组件指示飞行记录器系统的状态。如果存在系统故障,一个琥珀色"OFF"灯点亮。当系统关闭时"OFF"灯也亮。

飞行记录器测试组件上有一个"TEST/NORMAL"开关。当该开关位于"TEST"时,FDR 得到电源。

(2)输入信号。飞行数据获取组件(FDAU)对来自多个传感器和系统的模拟式数字式和离散式信号进行处理。

三轴式加速度计给出沿垂直轴横轴和纵轴的加速度数据。飞行数据记录器系统的传感器向 FDAU 提供有关舵面位置和操纵的数据。

(3)飞机标识。一个程序开关组件向飞行数据获取组件(FDAU)提供飞机标识号。

(4)FDAU。FDAU 为飞行数据记录器收集飞行数据,这是指定性数据。FDAU 也为航空公司的使用收集飞机状态监控系统(ACMS)数据,这一数据是非指定性的。FDAU 将指定性数据变换成哈佛双相格式,这一数据送到飞行数据器。FDAU 的存储器中有 ACMS 软件,这一软件选择进行监控的输入数据。这个数据被变换成数字格式,FDAU 将其保存在存储器中,数据可送到数据装载机控制面板然后转到数据装载机的磁盘中。FDAU 前面有一个磁盘驱动器,如装有磁盘,DGAU 按编好的程序在磁盘上记录 ACMS 数据。FDAU 状态继电器从

FDAU 得到状态信息,状态继电器控制 FDRS 的 OFF 灯。

(5)FDR。FDR 从 FDAU 得到格式化的数据并将其保存在非易失性固态存储器中。飞行记录器具有可以保存至少最近 25 h 飞行数据的容量。

FDR 是一个防火抗撞 LRU,前部装有一个水下定位信标。

(6)系统测试插头/接头。连接地面辅助设备到系统测试插头上可以测试 FDRS。

(7)QAR。FDAU 将送到 FDR 的数据也送到 QAR 以供记录及航空公司使用。

7.2.3　飞行数据记录系统组件位置

1.发送器位置

尾部区域有以下传感器与 FDRS 有接口连接。

(1)方向舵位置发送器。

(2)左和右升降舵位置发送器。

方向舵脚蹬力传感器位于水平安定面内并且与 FDRS 有接口连接,机翼上的左和右副翼位置发送器与 FDRS 有接口连接。

2.位置传感器的安装位置

驾驶杆、驾驶盘和方向舵脚蹬传感器位于驾驶舱地板下的前设备中心内。安定面位置 A 传感器位于尾椎内邻近升降舵感觉与定中组件。

3.加速度计

三轴加速度计位于右轮舱的前侧。

7.2.4　飞行数据记录系统组件位置-FDR 安装位置(见图7-11)

飞行数据记录器(FDR)位于后客舱顶部通过铰接的舱顶板接近。

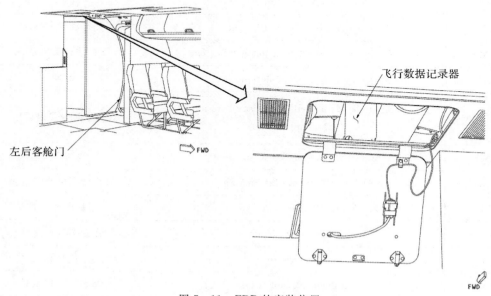

图 7-11　FDR 的安装位置

附录　专业名词缩略语

缩　写	全　拼	中文释义
A/C	Aircraft	飞机
A/D	Analog to Digital	模拟/数字
AAU	Audio Accessory Unit	音频附件盒（装置）
ACARS	Aircraft Communications Addressing and Reporting System	飞机通信寻址和报告系统
ACMF	Airplane Condition Monitoring Function	飞机状态监控功能
ACMS	Aircraft Condition Monitoring System	飞行状态监控系统
ACP	Audio Control Panel	音频控制面板
ADF	Automatic Direction Finder	自动定向机
ADIRS	Air Data Inertial Reference System	大气数据惯性基准系统
ADIRU	Air Data Inertial Reference Unit	大气数据惯性基准组件
ADL	Airborne Data Loader	机载数据装载器
AEP	Audio Entertainment Player	音频娱乐收音机
AIM	Aircraft Identification Module	飞行器识别模块
AIMS	Airplane Information Management System	飞机信息管理系统
AM	Amplitude Modulation	调幅
AM/FDM	Amplitude Modulated/Frequency Division Multiplexed	调幅/频分多路复用
AME	Amplitude Modulation Equivalent	调幅等效
AMI	Airline Modifiable Information	航空公司可修改信息
AMU	Audio Management Unit	音频管理组件
AMUX	Audio Multiplexer	音频多路选择器
ANNUN	Annunciator	信号器
ANS	Ambient Noise Sensor	外界噪声传感器
ANT	Antenna	天线

续 表

缩 写	全 拼	中文释义
AOC	Airline Operations Control	航空运营管理
APL	Airplane	飞机
APM	Airplane Personality Module	飞机个性化模块
APU	Auxiliary Power Unit	辅助动力装置
ARINC	Aeronautical Radio Incorporated	航空无线电公司
ASG	ARINC Signal Gateway	ARINC 信号网关
ASP	Attendant Switch Panel	乘务员开关面板
ATC	Air Traffic Control	空中交通管制
ATE	Automatic Test Equipment	自动测试设备
ATIS	Automatic Terminal Information Service	机场终端信息服务
ATS	Air Traffic Services	空中交通服务
ATSU	Air Traffic Service Unit	空中交通服务组件
AVLAN	Avionics Local Area Network	航空电子局域网
BFE	Buyer Furnished Equipment	买方装备的设备
BGM	Boarding Music	机上音乐
BITE	Built In Test Equipment	内装测试设备
BPCU	Bus Power Control Unit	汇流条电源控制组件
BSU	Beam Steering Unit	波束操纵组件
C	Celsius	摄氏度
CAB	Cabin	客舱
CACP	Cabin Area Control Panel	客舱区域控制面板
CAH	Cabin Attendant Handset	客舱服务员手提电话
CAPT	Captain	机长
CCD	Cursor Control Device	光标控制驱动器
CCP	Cabin Control Panel	客舱控制面板
CCR	Credit Card Reader	信用卡读取器
CCS	Cabin Communication System	客舱通信系统
CD	Compact Disk	压缩磁盘,光盘

续 表

缩 写	全 拼	中文释义
CDB	Configuration Data Base	布局数据库
CDG	Configuration Database Generator	布局数据库发生器
CDS	Common Display System	通用显示系统
CDU	Control Display Unit	控制显示组件
CEPT	Conference Europeenne des Administrations des Postes et des Telecommunications	欧洲邮政电信会议
CFDIU	Centralized Fault Display Interface Unit	中央故障显示接口组件
CFDS	Centralized Fault Display System	中央故障显示系统
CIC	Cabin Interphone Controller	客舱内话控制器
CIS	Cabin Interphone System	客舱内话系统
CKT	Circuit	电路
CMC	Central Maintenance Computer	中央维护计算机
CMCF	Central Maintenance Computing Function	中央维护计算功能
CMCS	Central Maintenance Computing System	中央维护计算系统
CMS	Cabin Management System	客舱管理系统
CMT	Commissioning and Maintenance Terminal	客舱管理终端
CMU	Communications Management Unit	通信管理单元
CONT	Control	控制
CP	Core Partition	核心分区
CPI	Communication Program Interface	通信程序接口
CPM	Core Processor Module	核心处理器组件
CSCP	Cabin System Control Panel	客舱系统控制板
CSI	Coaxial Serial Interface	同轴串行接口
CSMA	Carrier – Sense Multiple Access	载波侦听多路访问
CSMU	Cabin System Management Unit	客舱系统管理组件
CSMU	Crash Survivable Memory Unit	坠毁可保全存储器装置
CSS	Cabin Services System	客舱服务系统
CTU	Cabin Telecommunication Unit	客舱无线电通讯组件

续 表

缩　写	全　拼	中文释义
CVR	Cockpit Voice Recorder	驾驶舱语音记录器
D	day	白天
D/A	Digital to Analog	数字/模拟
D/A	Digital – to – Analog	数字/模拟
DB	Database	数据库
DCAS	Digital Control Audio System	数字控制音频系统
DCGF	Data Conversion Gateway Function	数据转换网关功能
DCMF	Data Communication Management Function	数据通信管理功能
DCMS	Data Communication Management System	数据通信管理系统
DEMUX	Demultiplexer	信号分离器
DEU	Display Electronics Unit	显示电子装置
DFCS	Digital Flight Control System	数字飞行控制系统
DFDAF	Digital Flight Data Acquisition Function	数字式飞行数据采集功能
DIP	Dual Inline Package	双列直插式封装技术
DLGF	Data Load Gateway Function	数据装载网关功能
DME	Distance Measuring Equipment	测距机
DP	Display Partition	显示分区
DSP	Display Select Panel	显示选择板
DTMF	Dual Tone Multi – Frequency	双音多频
ECS	Environmental Control System	环境控制系统
EE	Electronic Equipment	电子设备
EEC	Electronic Equipment Compartment	电子设备舱
EEPROM	Electrically Erasable Programmable Read Only Memory	电可擦可编程只读存储器
EICAS	Engine Indication and Crew Alerting System	发动机指示和机组警告系统
ELMS	Electrical Load Management System	电气负载管理系统
ELT	Emergency Locator Transmitter	紧急定位器信号发射器
EMC	Entertainment Multiplexer Controller	娱乐多路控制器

续 表

缩 写	全 拼	中文释义
ENTMT	Entertainment	娱乐
ETA	Estimated Time of Arrival	预计到达时间
EXT	External	外部的
F/O	First Officer	副驾驶
F/OBS	First Observer	观察员
FAX	Facsimile	传真
FCC	Flight Control Computer	飞行控制计算机
FCR	Flight Crew Rest	机组休息室
FDAU	Flight Data Acquisition Unit	飞行数据采集组件
FDCF	Flight Deck Communication Function	驾驶舱通信功能
FDDI	Fiber Digital Data Interface	光纤数字数据接口
FDH	Flight Deck Handset	驾驶舱手机
FDR	Flight Data Recorder	飞行数据记录器
FDRS	Flight Data Recorder System	飞行数据记录器系统
FMC	Flight Management Computer	飞行管理计算机
FMCF	Flight Management Computing Function	飞行管理计算功能
FMCS	Flight Management Computer System	飞行管理计算机系统
FMGCs	Flight Management and Guidance Computers	飞行管理制导计算机
FSEU	Flap/Slat Electronics Unit	襟翼/缝翼电子组件
FTX	Fast Transmit	快速传送
GBST	Ground Base Software Tool	地面软件工具
GHz	Gigahertz	千兆赫
GMT	Greenwich Mean Time	格林尼治时间
GPS	Global Positioning System	全球定位系统
GPWC	Ground Proximity Warning Computer	近地警告计算机
GSHLD	Glareshield	遮光板
GSP	Ground Service Provider	地面服务提供者
H	Hour	小时

续　表

缩　写	全　拼	中文释义
H/W	Hardware	计算机硬件
HF	High Frequency	高频
HGA	High Gain Antenna	高增益天线
HPA	High Power Amplifier	大功率放大器
HPR	High Power Relay	大功率继电器
Hz	Hertz	赫兹
I/C	Interphone/Communication	对讲机通信
I/O	Input/Output	输入/输出
I/S	Inter/System	系统间
I/S BUS	Intersystem Bus	系统总线
IC	Integrated Circuit	集成电路
ICAO	International Civil Aviation Organization	国际民用航空组织
ID	Identification	识别
IF	Intermediate Frequency	中频
IFE	In-Flight Entertainment	机载娱乐系统
IHC	Integrated Handset Controller	手机综合控制器
ILS	Instrument Landing System	仪表着陆系统
INT	Interphone	对讲机
INTFC	Interface	接口
IOM	Input/Output Module	输入/输出组件
IR	Infrared	红外
ISO	International Standards Organization	国际标准化组织
LAN	Local Area Network	局域网
LCD	Liquid Crystal Display	液晶显示器
LED	Light Emitting Diode	发光二极管
LGCIU	Landing Gear Control and Interface Unit	起落架控制和接口组件
LNA/DIP	Low Noise Amplifier/Diplexer	低噪声放大器/天线分离滤波器
LRM	Line Replaceable Module	航线可更换组件

续 表

缩 写	全 拼	中文释义
LRU	Line Replaceable Unit	航线可更换件组件
LSK	Line Select Key	行选择键
M	Month，Minute	月，分钟
MAT	Maintenance Access Terminal	维护访问终端
MB	Marker Beacon	指点信标
MCC	Mission Control Center	任务控制中心
MCDU	Multi－function Control Display Unit	多功能控制显示组件
MCP	Mode Control Panel	方式控制板
MCU	Modular Concept Unit	模块式概念组件
MD&T	Master Dim and Test	主明暗和测试
MEC	Main Equipment Center	主设备中心
MFD	Multi－Tunction Display	多功能显示
MHz	Megahertz	兆赫
MKR	Marker	标记
MMRs	Multi－Mode Receivers	多模式接收机
MPP	Multiple Personality PROM	多用途可编程只读存储器
MSEC	Milli－Second	毫秒
MTF	Maintenance Terminal Function	维护终端功能
MU	Management Unit	管理组件
NORM	Normal	正常的
NOTAMS	Notice to Airmen	航行通告
NTSC	National Television Standards Committee	美国全国电视标准委员会
NVM	Nonvolatile Memory	非易失存储器
OBS	Observer	观察员
OEU	Overhead Electronics Unit	顶板电子组件
OLAN	Onboard Local Area Network	机载局域网
OMF	Onboard Maintenance Function	机载维护功能
OMS	Onboard Maintenance System	机载维护系统

续 表

缩 写	全 拼	中文释义
OPAS	Overhead Panel ARINC 629 System	顶板 ARINC 629 系统
OPBC	Overhead Panel Bus Controller	顶板总线控制器
OPC	Operational Program Configuration	操作程序配置
OPCF	Overhead Panel Card File	顶板插件卡
OPIC	Overhead Panel Interface Card	顶板接口卡
OPS	Operational Program Software	操纵程序软件
OSI	Open Systems Interconnection	开放系统互连
P/N	Part Number	部件号码
PA/CI	Passenger Address/Cabin Interphone	旅客广播/客舱内话
PAC	Passenger Address Controller	旅客广播控制器
PAL	Phase Alternate Line	逐行倒相制
PARAMS	Parameters	因素
PAS	Passenger Address System	旅客广播系统
PAX	Passengers	旅客
PCM	Power Conditioning Module	动力(电源)调节组件
PCMCIA	Personal Computer Memory Card International Association	PC 内存卡国际联合会
PCU	Passenger Control Unit	旅客控制组件
PDCU	Panel Data Concentrator Unit	面板数据连接器组件
PDF	Primary Display Function	主显示功能
PDS	Primary Display System	主显示系统
PES	Passenger Entertainment System	乘客娱乐系统
PES – AUDIO	Passenger Entertainment System – Audio	乘客娱乐系统-音频
PES – VIDEO	Passenger Entertainment System – Video	乘客娱乐系统-视频
PGM	Program	程序
PIIC	Passenger Inflight Information Computer	旅客飞行信息计算机
PIS	Passenger Information Sign	旅客信息牌
PLA	Programmed Logic Array	可编程的逻辑阵列

续 表

缩　写	全　拼	中文释义
PLAN	Planenet Local Area Network	平网局域网
PMAT	Portable Maintenance Access Terminal	便携式维护存取终端
PPD	Portable Plug in Device	便携式插入装置
PPSSP	Pre - Pre - Sync Sync Pulse	预同步前置脉冲
PRAM	Prerecorded Announcement Machine	预录通知放音机
PREFLT	Preflight	起飞
PROC	Processor	处理器
PROM	Programmable Read Only Memory	可编程只读存储器
PSCU	Programmable System Control Unit	可编程系统控制组件
PSEU	Proximity Switch Electronics Unit	接近电门电子组件
PSIGA	Pounds Per Square Inch Gageabsolute	绝对表压(磅/平方英寸)
PSM	Programmable Switch Module	可编程开关模块
PSS	Passenger Service System	旅客服务系统
PSSP	Pre - Sync Sync Pulse	同步前置脉冲
PSU	Passenger Service Unit	旅客服务组件
PTT	Push To Talk	按压通话(按钮)
PVSCU	Programmable Video System Control Unit	可编程视频系统控制组件
R/T	Receive/Transmit	收/发
RAM	Random Access Memory	读写存储器
RCP	Radio Communication Panel	无线电通信控制面板
REU	Remote Electronics Unit	遥控电子组件
RF	Radio Frequency	无线电频率
RFC	Radio Frequency Combiner	无线电频率合成器
RFU	Radio Frequency Unit	射频组件
RMP	Radio Management Panel	无线电管理面板
ROM	Read Only Memory	只读存储器
RTP	Radio Tuning Panel	无线电调谐板
RV	Rated Voltage	额定电压

续 表

缩 写	全 拼	中文释义
RXI	Receive Input Line 1	接受导线 1 输入
RXN	Receive Input Line 2	接受导线 2 输入
S	Second	第二
S/OBS	Second Observer	第二观察员
SARSAT	Search and Rescue Satellite Aided Tracking	搜索和救援卫星辅助跟踪
SAT	Satellite	卫星
SATCOM	Satellite Communications	卫星通信
SDM	Speaker Drive Module	扬声器驱动组件
SDU	Satellite Data Unit	卫星数据组件
SEB	Seat Electronics Box	座椅电子盒
SECAM	Sequential Color and Memory	调频行轮换彩色制式
SELCAL	Selective Calling	选择呼叫系统
SENS	Sensor	传感器
SEU	Seat Electronics Unit	座椅电子组件
SFE	Seller Furnished Equipment	卖方配置设备
SG	Sync Gap（ARINC 629）	同步间隙（ARINC 629）
SIM	Serial Interface Module（ARINC 629）	串行接口组件
SSB	Single Side Band	单边带
SSFDR	Solid State Flight Data Recorder	固态存储器式飞行数据记录器
SSSV	Solid State Stored Voice	固态存储语音
SVD	Seat Video Display	座椅视频显示器
SVU	Seat Video Unit	座椅视频组件
SW	Software	计算机软件
TCAS	Traffic-alert and Collision Avoidance System	空中交通报警和防撞系统
TDU	Telephone Distribution Unit	电话分配组件
TEL	Telephone	电话
TELECOM	Telecommunications	电信
TG	Terminal Gap（ARINC 629）	脉冲间隔

续 表

缩　写	全　拼	中文释义
TI	Transmit Interval（ARINC 629）	发送间隔
TIU	Telephone Interface Unit	电话接口组件
TXN	Transmit Output Line 1	第一行发射输出
TXO	Transmit Output Line 2	第二行发射输出
UHF	Ultra High Frequency	特高频
ULB	Underwater Locator Beacon	水下定位信标
USB	Upper Side Band	传送带
V AC	Volts Alternating Current	交流电压
VDU	Video Distribution Unit	视频分配组件
VEP	Video Entertainment Player	视频娱乐放像机
VHF	Very High Frequency	甚高频
VHS	Video Helical Scan	视频螺旋扫描
VIU	Video Interface Unit	视频接口组件
VMU	Video Monitor Unit	视频调制器
VOR	VHF Omnidirectional Range	甚高频全向指标
VR	Video Reproducer	播放视频节目
VRMS	Voltage Root Mean Square	电压二次方根
VRU	Video Reproducer Unit	播放视频节目组件
VSCU	Video System Control Unit	视频系统控制组件
VSCU	Video System Control Unit	语音系统控制组件
VSWR	Voltage Standing Wave Ratio	电压驻波比
VTR	Video Tape Reproducer	（录音、录影的）播放装置
WES	Warning Electronic System	警告电子系统
WEU	Warning Electronic Unit	警告电子组件
WMT	Wall Mounted Telephone	壁挂式电话
XCVRs	Transceivers	收发机
XPP	Transmit Personality PROM	发送可用编程只读存储器
Y	year	年

续 表

缩　写	全　拼	中文释义
ZMU	Zone Management Unit	区域管理组件
ZPC	Zone Power Converter	区域功率变换器
ac	alternating current	交流电
act	active	活跃的,起作用的
alt	alternate	备用的
amp	amplifier	放大器
annct	announcement	通告
app	approach	接近
appl	application	应用
att	attendant	乘务员
attn	attenuator	衰减器
aud	audio	音频
auto	automatic	自动的
bat	battery	电池,电瓶
bc	broadcast	广播
bps	bits per second	比特每秒
ckts	circuit	电路
cm	centimeter	厘米
comm	communication	通信
ctrl	control	控制
curr	current	电流
db	decibel	分贝
dc	direct current	直流电
deg	degree	度,度数
disc	discrete	分离的,非连续的
dr	door	门
elec	electric	电,电的,电源
eng	engine	发动机

续 表

缩 写	全 拼	中文释义
ent	entertainment	娱乐
flt	flight	飞行
freq	frequency	频率
fwd	forward	向前
gnd	ground	地
hndst	handset	手提电话听筒,遥控器
in	inch	英寸
ind	indication	指示
info	information	信息
inph	interphone	对讲机
inst	instrument	仪表
intph	interphone	内话
kg	kilogram	千克
lb	pound	磅
lts	lights	信号灯
mA	milliampere	毫安
mW	milliwatt	毫瓦
maint	maintenance	维护,维修
mic	microphone	麦克风
min	minute	分钟
misc	miscellaneous	杂项
modem	modulator/demodulator	调制解调器
msg	message	信息
mux	multiplexer	多路的,多路调制器
nav	navigation	导航
oxy	oxygen	氧气
pnl	panel	面板
pri	primary	主的,初级的

续 表

缩 写	全 拼	中文释义
proj	projector	投影仪
rcv	receiver	接收机
rec	receive	接收
repr	reproducer	复制
req	request	要求
rly	relay	继电器
sec	secondary	第二的或第二秒
sens	sensitivity	灵敏度
seq	sequence	顺序
sq	squelch	静噪
sql	squelch	压扁
sta	station	站位
stbd	starboard	右舷
svc	service	服务
sw	switch	电门,开关
tx	transmit	传送
typ	type; typical	类型,典型的
v	volt	伏特
v dc	volts direct current	直流电压
vid	video	视频
vol	volume	数量
warn	warning	警告
wxr	weather radar	气象雷达
xfr	transfer	转换
xmtr	transmitter	发射机
xpdr	transponder	应答机

参 考 文 献

[1] 马文来,术守喜. 民航飞机电子电气系统与仪表[M]. 北京:北京航空航天大学出版社,2015.

[2] 龚淑丽. 民航飞机电子系统[M]. 北京:科学出版社,2019.

[3] 金德琨,敬忠良,王国庆,等. 民用飞机航空电子系统[M]. 上海:上海交通大学出版社,2012.

[4] 陆周. 民用飞机电子设备概论[M]. 北京:中国民航出版社,2016.

[5] 朱新宇,胡焱,沈家庆. 民航飞机电子电器系统[M]. 成都:西南交通大学出版社,2016.

[6] 林坤,白冰如. 航空仪表与显示系统[M]. 北京:北京理工大学出版社,2015.

[7] 王世锦. 飞机仪表[M]. 北京:科学出版社,2013.

[8] 王成豪. 航空仪表[M]. 北京:科学出版社,1992.

[9] 伊思 莫伊尔,阿伦 西布里奇. 飞机系统:机械、电气和航空电子分系统综合[M]. 3 版. 凌和生,译. 北京:航空工业出版社,2011.

[10] 沈泽江,孙慧. 航空仪表[M]. 大连:大连海事大学出版社,2017.

[11] 许江宁. 陀螺原理[M]. 北京:国防工业出版社,2005.

[12] 桂建勋. 发动机指示和机组警告原理及应用[M]. 北京:国防工业出版社,1994.

[13] 肖建国. 大气数据计算机系统[M]. 北京:国防工业出版社,1992.

[14] 王云. 航空航天概论[M]. 北京:北京航空航天大学出版社,2009.

[15] 图利 怀亚特. 飞机电气和电子系统:原理、维护和使用[M]. 张天光,张博宇,译. 上海:上海交通大学出版社,2011.

[16] 刘得一. 民航概论[M]. 北京:中国民航出版社,2000.

[17] 章建. 航空概论[M]. 北京:国防工业出版社,2010.

[18] 马银才,张兴媛. 航空机载电子设备[M]. 北京:清华大学出版社,2012.

[19] 何晓微,徐亚军. 航空电子设备[M]. 成都:西南交通大学出版社,2004.